나무도감

수형, 수피, 암꽃, 수꽃, 열매,
잎 앞뒷면, 잎차례 **상세 수록**

어느 계절에나 비교·대조하여 찾을 수 있는

나무도감

초판인쇄 | 2017년 3월 22일
초판발행 | 2017년 3월 27일

지 은 이 | 오장근 · 명현호
펴 낸 이 | 고명진
펴 낸 곳 | 가람누리

출판등록 | 2011년 7월 29일 제312-2011-000040호
주　　소 | 경기도 고양시 덕양구 통일로 140(동산동)
　　　　　　삼송테크노밸리 B동 329호
전　　화 | (02)396-9651 / **팩스** (02)396-9653
E-MAIL | garamnuri@daum.net
홈페이지 | **www.munyei.com**

ISBN 978-89-97272-26-6 (13480)

※ 이 책의 내용을 저작권자의 허락없이 복제, 복사, 인용, 무단전재하는 행위는 법으로 금지되어 있습니다.

※ 잘못된 책은 바꾸어 드립니다.

※ 이 도서의 국립중앙도서관 출판예정도서목록(CIP)은 서지정보유통지원시스템 홈페이지 (http://seoj.nl.go.kr)와 국가자료공동목록시스템(http://www.nl.go.kr/kolisnet)에서 이용하실 수 있습니다.(CIP제어번호: CIP2017005819)

어느 계절에나 비교·대조하여 찾을 수 있는

나무도감

수형, 수피, 암꽃, 수꽃, 열매,
잎, 잎뒷면, 잎차례 상세 수록

오장근·명현호 공저

가람누리

책머리에

 나무는 낮은 산이나 높은 산이나, 작은 산이나 큰 산이나, 들이나 강가나, 도시나 농촌이나 뿌리를 내릴 수 있는 곳은 어디에나 자라고 숲을 이룬다. 나무는 땅 위에서 스스로 자라다가 각기 종류대로 씨를 가진 열매 맺는 나무로 성장하면서 우리에게 좋은 환경과 아름다운 경관을 제공한다. 뿐만 아니라 풍성하게 열매를 맺는 나무는 우리에게 좋은 먹을거리도 제공해 준다. 나무는 땅이 비옥한지 메마른지, 살아갈 수 있는 곳인지 없는 곳인지 찾아서 싹을 틔운다. 하늘에서 계절에 따라 내리는 흡족한 비는 싹을 자라게 하며 꽃을 피우고 열매를 맺게 한다.

 어떤 나무는 무성하게 자라 야생 동물들이 안전하게 숨을 수 있는 자리를 내어 주고, 어떤 나무는 어미 새가 새끼 새를 안전하게 기를 수 있도록 보금자리를 만들어 주며, 또 어떤 나무는 향기로운 꽃 속에 맛있는 꿀을 듬뿍 만들어서 곤충과 동물들을 유인한다. 어떤 나무는 아름답고 탐스러운 열매를 맺어 우리에게 아낌없이 먹을거리를 제공하고, 어떤 나무는 우리가 거주할 수 있는 터전이 되어 주기도 하며, 어떤 나무는 햇볕이 따가운 여름날, 우리에게 잠시나마 쉬어가라고 시원한 그늘을 내어 준다. 어떤 나무는 지팡이가 되어 늙고 쇠약해진 우리 몸을 의지하는 데 도움을 주고, 어떤 나무는 이 세상의 삶 마지막에 한 줌의 흙으로 남도록 자리를 마련해 주며, 어떤 나무는 죽어서도 그 역할을 다하기 위해 아름다운 집을 짓는 데 기꺼이 쓰인다.

이 책은 우리 주변에서 자주 볼 수 있는 상록활엽덩굴성 목본, 낙엽활엽덩굴성 목본, 상록기생관목, 상록침엽관목, 상록활엽관목, 반상록활엽포복성 관목, 낙엽활엽관목, 상록침엽소교목, 상록활엽소교목, 낙엽활엽소교목, 상록침엽교목, 상록활엽교목, 낙엽침엽교목, 낙엽활엽교목 등 총 200종의 나무를 선별하여 가나다순으로 배열하였다. 그리고 학명, 과명, 형태, 꽃, 열매, 생태적 특성을 이해하기 쉽게 설명하였고, 잎과 잎차례, 암수꽃, 열매, 수피, 수형 등 생장 과정별 사진을 수록하였으며, 휴대하기 간편하게 제작하였다.

이 책에 수록되어 있는 나무들은 주변에서도 찾아볼 수 있는 나무들인 만큼, 식물에 관심 있는 사람들이 즐겨 찾는 소중한 책이 되기를 바란다.

2017년 2월, 자연과 함께하는 저자 대표
오장근 씀

차 례

책머리에 • 4

ㄱ

- 01 가래나무 • 12
- 02 가문비나무 • 14
- 03 가죽나무 • 16
- 04 갈참나무 • 18
- 05 감나무 • 20
- 06 개나리 • 22
- 07 개다래 • 24
- 08 개옻나무 • 26
- 09 개잎갈나무 • 28
- 10 갯버들 • 30
- 11 겨우살이 • 32
- 12 계요등 • 34
- 13 고광나무 • 36
- 14 고로쇠나무 • 38
- 15 고욤나무 • 40
- 16 골담초 • 42
- 17 곰솔 • 44
- 18 광대싸리 • 46
- 19 구기자나무 • 48
- 20 구상나무 • 50
- 21 국수나무 • 52
- 22 굴거리나무 • 54
- 23 굴참나무 • 56
- 24 귀룽나무 • 58
- 25 귤 • 60
- 26 꽝꽝나무 • 62
- 27 꾸지나무 • 64
- 28 꾸지뽕나무 • 66

ㄴ

- 29 낙상홍 • 68
- 30 낙우송 • 70
- 31 남천 • 72
- 32 노간주나무 • 74
- 33 노린재나무 • 76
- 34 노박덩굴 • 78
- 35 누리장나무 • 80
- 36 느티나무 • 82
- 37 능금나무 • 84

38 능소화 · 86
39 능수버들 · 88

ㄷ

40 다래 · 90
41 닥나무 · 92
42 단풍나무 · 94
43 담쟁이덩굴 · 96
44 대추나무 · 98
45 독일가문비 · 100
46 돈나무 · 102
47 돌가시나무 · 104
48 동백나무 · 106
49 두릅나무 · 108
50 두충 · 110
51 등 · 112
52 딱총나무 · 114
53 땅비싸리 · 116
54 때죽나무 · 118
55 떡갈나무 · 120
56 뜰보리수 · 122

ㄹ

57 리기다소나무 · 124

ㅁ

58 마가목 · 126
59 마삭줄 · 128
60 매발톱나무 · 130
61 매실나무 · 132
62 먼나무 · 134
63 멀꿀 · 136
64 멍석딸기 · 138
65 메타세쿼이아 · 140
66 모감주나무 · 142
67 모과나무 · 144
68 모란 · 146
69 목련 · 148
70 목서 · 150
71 무궁화 · 152
72 무화과나무 · 154
73 물오리나무 · 156
74 물푸레나무 · 158
75 미루나무 · 160

ㅂ

76 박달나무 · 162
77 박달목서 · 164
78 박쥐나무 · 166

79	박태기나무 · 168	102	산돌배 · 214
80	밤나무 · 170	103	산딸기 · 216
81	배나무 · 172	104	산딸나무 · 218
82	배롱나무 · 174	105	산사나무 · 220
83	백량금 · 176	106	산수국 · 222
84	백목련 · 178	107	산수유 · 224
85	버드나무 · 180	108	산초나무 · 226
86	벚나무 · 182	109	살구나무 · 228
87	벽오동 · 184	110	삼나무 · 230
88	병꽃나무 · 186	111	상동나무 · 232
89	보리수나무 · 188	112	상수리나무 · 234
90	복분자딸기 · 190	113	생강나무 · 236
91	복사나무 · 192	114	서향 · 238
92	복자기 · 194	115	석류나무 · 240
93	분꽃나무 · 196	116	섬잣나무 · 242
94	붉가시나무 · 198	117	세쿼이아 · 244
95	붉나무 · 200	118	소나무 · 246
96	비자나무 · 202	119	소사나무 · 248
97	뽕나무 · 204	120	송악 · 250
		121	수국 · 252
		122	수양버들 · 254

ㅅ

		123	스트로브잣나무 · 256
98	사과나무 · 206	124	식나무 · 258
99	사방오리 · 208	125	신갈나무 · 260
100	사스레피나무 · 210	126	신나무 · 262
101	사철나무 · 212		

127 싸리 · 264

ㅇ

128 아까시나무 · 266
129 앵도나무 · 268
130 양버즘나무 · 270
131 연필향나무 · 272
132 오갈피나무 · 274
133 오동나무 · 276
134 오리나무 · 278
135 오미자 · 280
136 옻나무 · 282
137 왕머루 · 284
138 왕벚나무 · 286
139 용버들 · 288
140 우묵사스레피 · 290
141 유자나무 · 292
142 으름덩굴 · 294
143 은단풍 · 296
144 은사시나무 · 298
145 은행나무 · 300
146 음나무 · 302
147 이팝나무 · 304
148 인동덩굴 · 306
149 일본목련 · 308
150 일본잎갈나무 · 310
151 잎갈나무 · 312

ㅈ

152 자귀나무 · 314
153 자금우 · 316
154 자두나무 · 318
155 자목련 · 320
156 자작나무 · 322
157 잣나무 · 324
158 장미 · 326
159 전나무 · 328
160 정금나무 · 330
161 조록싸리 · 332
162 조팝나무 · 334
163 졸참나무 · 336
164 종가시나무 · 338
165 주목 · 340
166 주엽나무 · 342
167 중국단풍 · 344
168 진달래 · 346
169 쪽동백나무 · 348
170 찔레꽃 · 350

ㅊ

- **171** 차나무 · 352
- **172** 참느릅나무 · 354
- **173** 참식나무 · 356
- **174** 철쭉 · 358
- **175** 청미래덩굴 · 360
- **176** 초령목 · 362
- **177** 측백나무 · 364
- **178** 치자나무 · 366
- **179** 칠엽수 · 368
- **180** 칡 · 370

ㅌ

- **181** 튤립나무 · 372

ㅍ

- **182** 팔손이 · 374
- **183** 팥꽃나무 · 376
- **184** 팥배나무 · 378
- **185** 팽나무 · 380
- **186** 편백 · 382
- **187** 포도 · 384
- **188** 풀명자 · 386
- **189** 풍년화 · 388
- **190** 피라칸다 · 390

ㅎ

- **191** 함박꽃나무 · 392
- **192** 향나무 · 394
- **193** 헛개나무 · 396
- **194** 협죽도 · 398
- **195** 호두나무 · 400
- **196** 호랑가시나무 · 402
- **197** 화살나무 · 404
- **198** 황매화 · 406
- **199** 회양목 · 408
- **200** 회화나무 · 410

참고문헌 · 412

주변에서 찾아볼 수 있는
나무 200가지

01 가래나무

- **학명** *Juglans mandshurica* Maxim.
- **과명** 가래나무과
- **형태** 낙엽활엽교목
- **꽃** 4~5월
- **열매** 9~10월

가래나무_잎

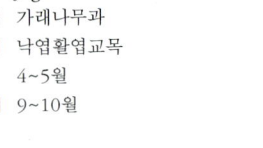

가래나무_수피

가래나무_씨앗

가래나무_씨앗 속

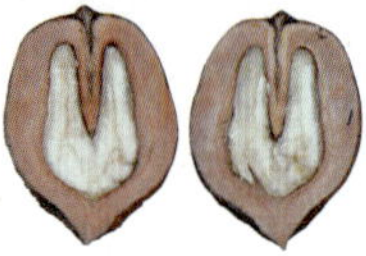

가래나무_암꽃

가래나무_수꽃

가래나무_열매(미성숙)

가래나무_열매(성숙)

옛날에는 조상의 무덤가에 소나무와 가래나무를 많이 심었다. 이를 잘 가꾸는 것이 조상에게 효도하는 것으로 여겼으며, 뽕나무와 더불어 집 근처에 심어 유산으로 삼았다.

생태적 특성

낙엽활엽교목으로 높이는 20m이고 지름이 80㎝이다. 줄기는 암회색으로 곧게 자라고 수피는 세로로 갈라지며 가지는 굵다. 잎은 기수우상복엽이고 타원형의 소엽이 7~17개씩 달려 있으며 소엽의 가장자리는 잔톱니가 있으나 점차 없어진다. 수꽃은 길게 늘어져서 녹갈색으로 피고 암꽃은 가지 끝에 5~10개가 나오며 암술머리는 빨갛고 4~5월에 핀다. 핵과인 열매는 난원형으로 녹색이며 선모로 덮이고 내과피는 8개의 능각이 지고 종자는 끝이 뾰족한 난형으로 9~10월에 익는다.

열매가 흙을 파헤치는 농기구 가래를 닮았다고 해서 붙여진 이름이다. 한자로는 추목(楸木) 또는 추자목(楸子木), 핵도추(核桃楸)라고 한다.

02 가문비나무

- **학명** *Picea jezoensis* (Siebold & Zucc.) Carrière
- **과명** 소나무과
- **형태** 상록침엽교목
- **꽃** 5~6월
- **열매** 9~10월

가문비나무_잎

가문비나무_수피

가문비나무_잎차례

가문비나무_꽃

가문비나무_열매

가문비나무 하면 우선 이름이 예쁘다. 한자로 흑피목(黑皮木)이라고 하는데, 이 흑피목이 검은피나무로 불리다 가문비나무로 바뀌었을 것으로 생각된다.

생태적 특성

가문비나무 하면 우선 이름이 예쁘다. 가문비라는 이름은 수피가 검은 데에서 유래한다. 한자로 흑피목(黑皮木)이라고 하는데, 이 흑피목이 검은피나무로 불리다 가문비나무로 바뀌었을 것으로 생각된다. 수형이 탑처럼 생겨서 탑회(塔檜)라고도 하며, 생선 비늘처럼 생긴 잎을 가졌다고 해서 어린송(魚鱗松) 또는 어린운삼(魚鱗云衫)이라고도 부르고, 간단히 감비라고도 한다.

밋밋한 듯하면서도 곧게 자라는 나무로 높이는 40m 이상까지 자라며, 지름이 1m 이상 자란다. 수피는 검은빛을 띤 갈색으로 비늘처럼 벗겨진다. 잎은 길이 1~2cm의 줄 모양으로 뾰족하고 곧거나 구부러지며, 뒷면에 공기구멍이 나 있다. 암수한그루로 꽃은 5~6월에 핀다. 수꽃은 원통 모양으로 황갈색이며, 암꽃은 달걀 모양의 타원형으로 자줏빛이다. 종자는 난형으로 끝이 둥글고 9~10월에 익는다.

03 가죽나무

- **학명** *Ailanthus altissima* (Mill.) Swingle
- **과명** 소태나무과
- **형태** 낙엽활엽관목
- **꽃** 6~7월
- **열매** 9~10월

가죽나무_잎

가죽나무_수피

가죽나무_암꽃

가죽나무_수꽃

가죽나무_열매   가죽나무_씨앗

한자로 참죽나무를 진승목(眞僧木), 가죽나무를 가승목(假僧木)이라고 한다는 것이 흥미롭다. 이렇게 나무의 유래를 살펴보면 가죽나무가 가죽과는 전혀 관련이 없음을 알 수 있다.

생태적 특성

한자로 참죽나무를 진승목(眞僧木), 가죽나무를 가승목(假僧木)이라고 한다는 것이 흥미롭다. 이렇게 나무의 유래를 살펴보면 가죽나무가 가죽과는 전혀 관련이 없음을 알 수 있다. 가죽나무는 가중나무, 까중나무, 개죽나무라고도 한다.

낙엽활엽교목으로 높이는 $20m$ 정도이고 수피는 회갈색이며 작은 가지는 황갈색으로 털이 있다. 잎은 어긋나고 13~25개의 소엽으로 된 기수우상복엽이며 소엽은 피침형 및 피침상의 난형이다. 잎의 가장자리는 밑부분에 2~4개의 둔한 톱니가 있고 끝부분에 1개의 선점이 있다.

꽃은 암수딴그루로 정생하는 원추화서에 달리며 녹색을 띤 흰색으로 6~7월에 핀다. 열매는 시과로 긴 타원형이며 9~10월에 갈색으로 익는다. 열매에는 날개가 봄까지 달려 있으며 바람을 타고 멀리까지 날아가 번식한다.

04
갈참나무

- **학명** *Quercus aliena* Blume
- **과명** 참나무과
- **형태** 낙엽활엽교목
- **꽃** 5월
- **열매** 10월

갈참나무_잎

갈참나무_수피

갈참나무_잎차례

갈참나무_암꽃

갈참나무_수꽃

갈참나무_어린 열매

갈참나무_씨앗

갈참나무는 낙엽이 떨어지는 참나무, 가을참나무라는 의미이다. 즉 가을에 단풍이 들어 잎이 지고 봄에 새로운 잎으로 갈아입는 나무라는 뜻이다.

생태적 특성

재잘나무, 톱날갈참나무, 큰갈참나무, 홍갈참나무 등으로도 불리며 영어명은 Oriental White Oak이다.

낙엽활엽교목으로 높이는 20m 이상이고 지름이 1m까지 자란다. 수피는 세로로 얕게 갈라지고 작은 가지와 겨울눈에는 털이 있다. 잎은 도란형 및 긴 타원형으로 가장자리에 물결무늬의 톱니가 있다. 수꽃은 길게 늘어지고 암꽃은 곧게 서며 5월에 핀다. 각두(殼斗)는 견과를 1/2 정도 감싸고 견과는 타원상의 난형으로 10월에 익는다.

우리나라와 일본, 중국, 타이완, 아시아의 난대, 인도 등지에 분포한다. 우리나라에서는 해발 50~1,000m에 자생하는데, 비옥한 곳을 좋아하고 음·양지에서 모두 잘 자라며 생장속도도 빠른 편이다.

05 감나무

- **학명** *Diospyros kaki* Thunb.
- **과명** 감나무과
- **형태** 낙엽활엽교목
- **꽃** 5~6월
- **열매** 10월

감나무_잎

감나무_수피    감나무_열매(성숙)

감나무_암꽃

감나무_수꽃

감나무_어린 열매

감은 예로부터 우리 민족이 즐겨 먹는 과일이다. 단맛이 강한 편으로, 감나무라는 이름도 본래 단맛이 나는 열매가 맺히는 나무라 하여 달 감(甘) 자를 붙여 부르게 되었다고 한다.

감나무_열매(미성숙)

생태적 특성

감은 예로부터 우리 민족이 즐겨 먹는 과일이며 매우 유익한 과일로 유명하다. 수정과나 곶감 등도 만들어 먹고, 감식초도 만든다. 감은 단맛이 강한 편으로, 감나무라는 이름도 본래 단맛이 나는 열매가 맺히는 나무라 하여 달 감(甘) 자를 붙여 부르게 되었다고 한다. 돌감나무, 산감나무, 똘감나무와 같은 이명이 있으며, 한자명은 시수(柿樹), 유시자(油柿子)라고 한다.

낙엽활엽교목으로 높이는 15m 정도이다. 수피는 회갈색으로 잘게 갈라지고 작은 가지에는 갈색 털이 나 있다. 잎은 어긋나고 혁질로 두꺼우며 타원상의 난형이다. 꽃은 양성화 또는 단성화로 액생하며 황백색으로 5~6월에 핀다. 열매는 장과로 난상 및 편구형이며 10월에 황홍색으로 익는다.

06 개나리

- **학명** *Forsythia koreana* (Rehder) Nakai
- **과명** 물푸레나무과
- **형태** 낙엽활엽관목
- **꽃** 3~4월
- **열매** 9월

개나리_잎

개나리_수피

개나리_잎차례

개나리_새순

개나리_꽃

개나리_열매

봄의 전령사는 아무래도 개나리를 최고로 칠 수 있다. 봄을 맞이하는 꽃이라고 해서 영춘화(迎春花), 꽃이 노란 종처럼 생겼다고 해서 금종화(金鍾花)라고도 한다.

생태적 특성

개나리라는 이름은 나리에 '개'를 붙인 것으로, 곧 좋지 않은 나리라는 의미라고 한다. 긴 가지에 달려 있는 노란 꽃의 모습이 새의 긴 꼬리 같다고 해서 한자로 연교(連翹)라고 한 것을 풀어 썼다는 설도 있다. 신리화, 가을개나리, 어사리, 서리개나리, 개나리꽃나무 등으로도 불리며, 봄을 맞이하는 꽃이라고 해서 영춘화(迎春花), 꽃이 노란 종처럼 생겼다고 해서 금종화(金鍾花)라고도 한다.

낙엽활엽관목으로 높이는 3m 정도이고 밑에서 많은 줄기를 낸다. 높은 곳에서는 밑으로, 낮은 곳에서는 위로 자라는 특성이 있다. 작은 가지는 녹색이지만 점차 회갈색을 띠게 된다. 잎은 마주나고 난상의 긴 타원형으로 피침형이다. 어린 가지의 잎은 3개로 깊게 갈라지는 것이 많고 가장자리는 중앙 이상에 톱니가 있거나 밋밋하다.

암수딴그루로 꽃은 엽액에 1~3개씩 달리며 화관은 종 모양이고 3~4월에 잎이 나기 전에 핀다. 열매는 난형이며 삭과로 겉에 사마귀 같은 돌기 모양이 있으며 9월에 익는다.

07 개다래

- **학명** *Actinidia polygama* (Siebold & Zucc.) Planch. ex Maxim.
- **과명** 다래나무과
- **형태** 낙엽활엽덩굴성 목본
- **꽃** 6~7월
- **열매** 9~10월

개다래_잎

개다래_수피

개다래_암꽃

개다래_수꽃

개다래_열매(미성숙)　　　　개다래_열매(성숙)

다래는 아주 달콤한 야생 과일이다. 먹을 수 있는 다래는 '참' 자를 붙여 참다래라고 하는데, 이에 비해 개다래는 '개' 자가 붙었으니 그보다는 못하다는 뜻이다.

생태적 특성

다래는 아주 달콤한 야생 과일이다. 먹을 수 있는 다래는 '참' 자를 붙여 참다래라고 하는데 익으면 녹색이 된다. 이에 비해 '개' 자가 붙었으니 그보다는 못하다는 뜻이며 열매는 갈색으로 익는다. 말다래, 못좃다래나무, 쥐다래나무, 묵다래나무, 쉬젓가래, 말다래나무 등으로도 불린다.

낙엽활엽덩굴성 목본으로 길이는 5m 정도이고 작은 가지는 털이 있으며 골속은 흰색으로 차 있다. 잎은 어긋나고 넓은 난형이며 가장자리에는 잔톱니가 있고 어린 가지 잎 앞면의 상반부가 흰색으로 변하기도 한다. 잎에 흰 페인트칠을 하다 만 듯한 무늬가 있어 산에 가면 쉽게 찾을 수 있다. 꽃은 액생하는 취산화서에 1~3개가 달리며 흰색으로 6~7월에 피며 향기가 있다. 열매는 장과로 끝이 뾰족한 원주형으로 황갈색이며 9~10월에 누런빛 또는 황적색으로 익는다.

08 개옻나무

- **학명** *Rhus trichocarpa* Miq.
- **과명** 옻나무과
- **형태** 낙엽활엽소교목
- **꽃** 5~7월
- **열매** 10월

개옻나무_잎

개옻나무_수피

개옻나무_새순

개옻나무_암꽃　　　　개옻나무_수꽃　　　　개옻나무_열매

옻나무나 개옻나무는 우리나라 산에 지천으로 피어 있는데, 중요한 점은 옻나무는 재배하던 것이 야생화된 것이고, 개옻나무는 우리나라에 본래부터 자생하던 수종이다.

생태적 특성

옻나무와 비슷하게 생겼지만 옻을 채취하는 진짜 옻나무가 아니라고 하여 '개' 자를 붙인 것이다. 개옻나무, 새옷나무, 털옻나무, 털옷나무라고도 한다. 옻나무나 개옻나무는 우리나라 산에 지천으로 자라는데, 중요한 점은 옻나무는 재배하던 것이 야생화된 것이고, 개옻나무는 우리나라에 본래부터 자생하던 수종이다.

낙엽활엽소교목으로 높이는 $7m$ 정도이다. 줄기껍질은 회갈색으로 세로줄이 있고 작은 가지에는 갈색의 짧은 털이 나 있다. 잎은 어긋나며 기수우상복엽이며, 소엽은 난형 및 긴 타원형으로 13~17개이다. 잎 뒷면에 털이 있으며 잎자루는 짧고 꽃은 암수딴그루로 5~7월에 누런색으로 핀다. 꽃차례가 아래를 향하는 점은 옻나무 꽃과 다른 점이다. 열매는 암나무에만 달리는데 둥글납작하며 겉에 가시와 털이 많고 10월에 황갈색으로 익는다. 잎은 가을에 붉은빛으로 물든다.

09 개잎갈나무

- **학명** *Cedrus deodara* (Roxb. ex D. Don) G. Don
- **과명** 소나무과
- **형태** 상록침엽교목
- **꽃** 10월
- **열매** 이듬해 9~10월

개잎갈나무_잎

개잎갈나무_수피

개잎갈나무_발아

개잎갈나무_암꽃　　개잎갈나무_수꽃　　개잎갈나무_열매

옛 이스라엘 왕국의 솔로몬 왕은 성전을 세우는 데 개잎갈나무를 많이 사용했다고 전해진다. 《성경》에 등장하는 백향목이 바로 개잎갈나무로서 힘과 영광, 평강을 상징한다.

생태적 특성

잎갈나무와 비슷하다고 해서 개잎갈나무라는 이름을 붙였다. 그러나 잎갈나무는 낙엽송인 데 반해 개잎갈나무는 상록수라는 점이 가장 큰 차이점이다. '개'는 바로 잎을 갈지 않는다는 의미를 가진다. 개이깔나무, 히말라야삼나무, 히말라야전나무라고도 하며, 한자로는 설송(雪松)이라고도 한다.

높이는 30~50m이고 지름은 1~3m이며, 나무껍질은 회갈색으로 갈라져 벗겨진다. 어린 가지는 털이 있고 밑으로 넓게 확장되면서 땅으로 축축 늘어지는 특징이 있다. 잎은 짙은 녹색의 바늘 모양으로 짧은 가지 끝에 무더기로 모여 나고 끝이 뾰족하다. 언뜻 보면 소나무 잎과도 유사하다. 암수한그루로 꽃은 10월에 노란빛을 띤 갈색으로 핀다. 수꽃이삭은 원기둥 모양이며 암꽃이삭은 달걀 모양이다. 열매는 길이 7~10cm, 지름 6cm로 타조 알처럼 생긴 타원형이며, 이듬해 9~10월에 밤색으로 익는다.

10 갯버들

- **학명** *Salix gracilistyla* Miq.
- **과명** 버드나무과
- **형태** 낙엽활엽관목
- **꽃** 3~4월
- **열매** 4~5월

갯버들_잎

갯버들_수피

갯버들_꽃눈

갯버들_암꽃

갯버들_수꽃

갯버들_열매

갯버들_씨앗

학명에서 *Salix*는 고대 켈트 어로 '가까이'라는 뜻의 sal과 물을 뜻하는 lis의 합성어로서 물에 가까이 사는 갯버들의 특징을 나타낸다.

생태적 특성

버들은 가지가 부드럽다는 뜻에서 부들나무가 되었고, 다시 버드나무로 되었다는 설이 있다. 버들 또는 버드나무라고 일컫는 종류는 우리나라에만도 30여 종이나 되는데, '갯'이라는 접두어는 개울가에서 주로 자라기 때문에 붙여진 것이다. 흔히 버들강아지라고도 한다.

낙엽활엽관목으로 높이는 2m 정도이다. 뿌리 근처에서 가지가 여러 개 나오고 작은 가지는 황록색으로 털이 있으나 곧 없어진다. 잎은 거꾸로 세운 피침형이거나 넓은 피침형으로 양끝이 뾰족하다. 암수딴그루로 수꽃은 전년 가지에 액생하며 암꽃은 타원형으로 3~4월에 잎보다 먼저 핀다. 열매는 긴 타원형으로 털이 나 있고 4~5월에 익는다.

11 / 겨우살이

- **학명** *Viscum album* var. *coloratum* (Kom.) Ohwi
- **과명** 겨우살이과
- **형태** 상록기생관목
- **꽃** 2~3월
- **열매** 9~10월

겨우살이_잎

겨우살이_수피

겨우살이_씨앗 신갈나무에 기생하는 겨우살이

겨우살이_암꽃　　　　　　　겨우살이_수꽃　　　　　　　겨우살이_열매

서양에서는 Kissing under mistletoe라 하여 크리스마스에 겨우살이 밑에서 소녀에게 키스하는 풍습이 있다. 이 풍습은 행복과 장수를 의미한다고 한다.

생태적 특성

사철 푸른 상록수로 겨울에도 죽지 않는다고 해서 겨우살이라고 한다. 참나무, 물오리나무, 밤나무, 팽나무 등에 기생하므로 기생목(寄生木)이라고도 하고 동청(凍靑)이라고도 부른다.

상록기생관목으로 높이는 30~60cm이다. 가지는 Y자형으로 갈라지고 마치 새집의 둥지같이 둥글게 자란다. 수관 폭은 1m 정도이며 황록색으로 털이 없고 마디 사이가 3~6cm이다. 숙주가 되는 나무의 줄기나 가지에 뿌리를 박고 살아간다. 잎은 마주나고 피침형이며 밑부분이 좁다. 암수딴그루이며 꽃가루가 없다. 소포(小苞)는 술잔 모양이고 화피는 종 모양으로 갈라지며 이른 봄에 가지 끝에서 연노란색의 작은 꽃이 핀다. 열매는 둥글고 연한 황색으로 익는데, 먹을 것이 부족한 겨울철에 새들의 좋은 먹이가 되어 새들의 배설물에 의해 주로 활엽수에 활착하여 번식한다.

12 / 계요등

- **학명** *Paederia scandens* (Lour.) Merr. var. *scandens*
- **과명** 꼭두서니과
- **형태** 낙엽활엽덩굴성 목본
- **꽃** 7~8월
- **열매** 9~10월

계요등_잎

계요등_줄기와 꽃

계요등_꽃 계요등_어린 열매 계요등_열매(성숙)

외부의 해로운 요인으로부터 자신을 지키기 위해 줄기와 잎에서 닭똥 냄새를 풍긴다. 자연은 저마다 생명을 유지하는 지혜를 갖추고 있음을 알 수 있다.

생태적 특성

식물이 냄새를 풍긴다는 것은 두 가지 이유에서다. 하나는 나비나 벌 등 각종 곤충들을 유인하기 위한 것이고, 다른 하나는 자신을 방어하기 위한 것이다. 닭똥 냄새가 나는 계요등(鷄尿藤)은 후자에 더 가깝다. 줄기와 잎에서 냄새를 풍겨 외부의 해로운 요인으로부터 피해를 입지 않고자 함이다.

낙엽활엽덩굴성 목본으로 꼭두서니과에 속한다. 줄기는 길이 5~7m쯤 자라며, 잎은 길이 5~12cm, 너비 1~6cm로 잎끝은 약간 뾰족하며 달걀 모양이다. 꽃은 7~8월에 흰색이나 안쪽에 자주색이 선명하다. 꽃은 길이 1~1.5cm, 너비 4~6mm이다. 열매는 9~10월경에 둥글고 황갈색으로 달리며 지름은 5~6mm이다.

13 고광나무

학명 *Philadelphus schrenkii* Rupr.
과명 범의귀과
형태 낙엽활엽관목
꽃 4~5월
열매 9월

고광나무_잎

고광나무_수피

고광나무_잎(뒷면)

고광나무_꽃봉오리

고광나무_꽃

고광나무_어린 열매

고광나무_열매(성숙)

꽃과 잎을 물속에서 비비면 꼭 비누처럼 향기가 나고 거품도 인다. 실제로 미국 인디언들은 예전에 고광나무를 이용해서 머리를 감았다고 한다.

생태적 특성

쇠영꽃나무, 털고광나무라고도 하며 조선산매화(朝鮮山梅花), 동북산매화(東北山梅花)라는 한자명도 있다. 여기에서 산매화는 아름답고 흰 꽃이 매화를 닮아 붙여진 것이다.

낙엽활엽관목으로 높이는 2~4m이고 오래된 가지는 회색이며 벗겨진다. 잎은 마주나고 난형 및 난상의 타원형이며 가장자리에 뚜렷하지 않은 톱니가 있다. 꽃은 5~7개씩 액생하는 총상화서에 달리며 꽃잎은 4장으로 원형이고 4~5월에 흰색으로 피는데 향기가 좋다. 열매는 타원형의 삭과로 끝이 뾰족하게 9월에 익는다.

꽃과 잎을 물속에서 강하게 비비면 꼭 비누처럼 향기가 나고 거품도 인다. 실제로 미국 인디언들은 예전에 고광나무를 이용해서 머리를 감았다고 한다.

14 고로쇠나무

- **학명** *Acer pictum* subsp. *mono* (Maxim.) Ohashi
- **과명** 단풍나무과
- **형태** 낙엽활엽교목
- **꽃** 4~5월
- **열매** 9~10월

고로쇠나무_잎

고로쇠나무_수피

고로쇠나무_새잎

고로쇠나무_꽃

고로쇠나무_꽃차례

고로쇠나무_열매

고로쇠나무 하면 수액으로 유명하다. 수액의 채취 시기는 경칩 전후인 2월 중순부터 3월 말이며 경칩 일주일 전후가 약효가 가장 좋다고 한다.

생태적 특성

뼈에 이로운 나무라고 하여 골리수(骨利樹)라고 부르다가 고로쇠나무로 변했다고 한다. 골리수 이외에도 신나무, 단풍나무, 당단풍나무, 참고리실나무, 개고리실나무, 개고로쇠나무 등으로도 불리며, 잎이 5개로 갈라져서 오각풍(五角楓)이라고도 한다. 고로쇠나무는 평북 방언에서 유래된 이름이며, 함남 방언으로는 당단풍나무라고 한다.

수액을 받으려면 줄기를 통해 내려가는 사관부인 내수피에 2개 정도의 구멍을 내 호스를 꽂아 받는다. 수액의 채취 시기는 경칩 전후인 2월 중순부터 3월 말이며 경칩 일주일 전후가 약효가 가장 좋다고 한다.

낙엽활엽교목으로 높이는 $20m$ 정도이고 지름이 $50cm$ 정도이며 수피는 회색으로 갈라진다. 잎은 마주나고 원형이며 5~7개로 얕게 갈라지고 가장자리는 밋밋하며 뒷면 맥 사이에 털이 모여 있다. 꽃은 잡성화로 다수가 새 가지 끝에 원추상 산방화서를 이루며 황록색으로 4~5월에 잎과 함께 핀다. 열매는 시과로 녹자색이고 예각으로 벌어지며 9~10월에 익는다.

15 고욤나무

- **학명** *Diospyros lotus* L.
- **과명** 감나무과
- **형태** 낙엽활엽교목
- **꽃** 5~6월
- **열매** 10월

고욤나무_잎줄기

고욤나무_수피

고욤나무_잎(뒷면)

고욤나무_꽃 　　고욤나무_열매(미성숙) 　　고욤나무_열매(성숙)

고욤은 떫은맛이 많이 나서 바로 먹지는 못하고, 서리가 내린 뒤 따내어 항아리에 가득 담아 놓았다가 눈이 내리는 겨울쯤에 꺼내면 발효가 잘 되어 제법 맛이 있다.

생태적 특성

옛말에 '고욤 일흔이 감 하나만 못하다'라는 말이 있다. 이는 자질구레한 것이 많아도 큰 것 하나를 못 당한다는 뜻으로, 고욤은 별로 쓸모없는 과일이라는 의미를 담고 있다. 실제로 고욤은 떫은맛이 많이 나서 바로 먹지는 못하고, 서리가 내린 뒤 따내어 항아리에 가득 담아 놓았다가 겨울쯤에 꺼내면 제법 맛이 있다.

고양나무, 민고욤나무라고도 하며, 한자명은 소시(小枾), 군천(桾櫏), 흑조(黑棗), 군천자목(桾櫏子木) 등이다.

낙엽활엽교목으로 높이는 10~15m이고 수피는 암회색이다. 잎은 어긋나고 타원형이다. 암수딴그루로 꽃은 새 가지 밑부분에 액생한다. 수꽃은 2~3개가 모여 달리고 암꽃은 하나씩 달리며, 화관은 종 모양으로 연한 황색으로 5~6월에 핀다. 열매는 둥근 장과로 10월에 황색에서 검은색으로 익는데 열매에는 흰 가루가 많이 묻어 있다.

16 골담초

- **학명** *Caragana sinica* (Buc'hoz) Rehder
- **과명** 콩과
- **형태** 낙엽활엽관목
- **꽃** 5월
- **열매** 9월

골담초_잎

골담초_수피

골담초_꽃과 꽃봉오리

골담초_꽃봉오리　　　　　　골담초_꽃　　　　　골담초_꼬투리

영주 부석사 조사당 추녀 밑에는 조그마한 나무 한 그루가 자라고 있다. 이 나무는 흔히 조사당 선비화라고 하는데, 바로 골담초이다.

생태적 특성

골담초라는 이름은 뿌리가 골담(骨膽)에 잘 듣는다고 해서 붙여진 것이다. 즉 신경통이나 관절염 등에 좋다는 것이다. 금작목(金雀木), 금계아(金鷄兒) 등으로도 불리며, 선비화(禪扉花)라고도 한다.

중국 원산으로 우리나라에서는 중부지방에 분포한다. 주로 해가 잘 드는 곳에서 잘 자라지만 반그늘이나 마른땅에서도 잘 자란다. 낙엽활엽관목으로 높이는 2m 정도이고 밑에서 많은 줄기가 올라와 큰 포기를 이루며 자라는데 털이 없고 가시가 있다. 잎은 어긋나고 4개의 소엽으로 가운데 소엽은 혁질이며 긴 타원상의 피침형으로 뒷면 맥 위에 털이 없다. 꽃은 액생 또는 정생하며 총상화서에 달리며 누른빛이 도는 흰색으로 5월에 핀다. 열매는 협과로 원주형이고 털이 없으며 9월에 익는다.

17 곰솔

- **학명** *Pinus thunbergii* Parl.
- **과명** 소나무과
- **형태** 상록침엽교목
- **꽃** 4~5월
- **열매** 이듬해 9월

곰솔_잎차례

곰솔_수피

곰솔_새순

곰솔_암꽃

곰솔_수꽃

곰솔_열매

곰솔_전년도 열매

우리나라 곳곳에는 흥미로운 곰솔이 많다. 제주도 아라동에 있는 곰솔은 수령이 500~600년 정도로 단연 우리나라 곰솔의 할아버지뻘이다.

생태적 특성

곰솔이라는 이름은 잎이 억세 마치 곰의 털 같다고 해서 붙여졌다는 설도 있고, 전남지방 사투리라는 의견도 있다. 또 나무껍질이 검어 흑송(黑松)이라고도 하는데, 이를 검은솔로 부르다가 줄여서 곰솔로 부르게 되었다고도 한다. 이외에 남송(男松)으로도 불린다.

곰솔의 겨울눈은 은백색이다. 잎은 진녹색으로 짧은 가지에 2개씩 달리고 보통 2~3년간 달려 있다가 떨어진다. 암수한그루로 꽃은 4~5월에 핀다. 수꽃은 원통형으로 1.5cm가량 되고, 암꽃은 난형으로 붉은색이었다가 자주색으로 바뀌어가는 것이 특징이다. 열매는 난상의 긴 타원형으로 녹갈색이며 씨는 도란상의 타원형이다. 씨에는 긴 날개가 달려 있으며 이듬해 9월에 익는다.

18 / 광대싸리

- **학명** *Securinega suffruticosa* (Pall.) Rehder
- **과명** 대극과
- **형태** 낙엽활엽관목 또는 소교목
- **꽃** 6~7월
- **열매** 9~10월

광대싸리_잎

광대싸리_수피

광대싸리_잎차례

광대싸리_암꽃　　　광대싸리_수꽃　광대싸리_열매(미성숙)

싸리라는 이름은 붙었으나 싸리나무와는 다른 과(科)에 속한다. 광대가 남의 흉내를 잘 내듯 이 나무도 싸리 흉내를 낸다고 해서 광대라는 이름이 붙었다.

생태적 특성

싸리라는 이름은 붙었으나 싸리나무와는 다른 과(科)에 속한다. 광대가 남의 흉내를 잘 내듯 이 나무도 싸리 흉내를 낸다고 해서 광대라는 이름이 붙었다는 것이다. 구럭싸리, 고리비아리, 공정싸리, 굴싸리, 싸리버들옻이라고도 하며, 한자명으로는 일엽추(一葉萩)로 불린다.

낙엽활엽관목 또는 소교목으로 높이는 보통 $3m$ 정도이다. 줄기에 잔줄기가 나 있으며 밑으로 처지는데 수피는 황갈색이다. 잎은 어긋나고 도란상의 타원형이며 뒷면에 흰빛이 돈다. 암수딴그루로 수꽃은 황색이고 엽액에서 다수가 속생하며 암꽃도 같은 곳에 2~5개씩 달리며 6~7월에 황록색으로 핀다. 열매는 편구형의 삭과로 9~10월에 황갈색으로 익는데 씨는 6개가 들어 있다.

19
구기자나무

- **학명** *Lycium chinense* Mill.
- **과명** 가지과
- **형태** 낙엽활엽관목
- **꽃** 6~9월
- **열매** 8~10월

구기자나무_잎

구기자나무_수피

구기자나무_꽃   구기자나무_열매

구기자나무는 가시가 헛개나무(枸)와 비슷하고 줄기는 버드나무(杞)와 비슷하여 생긴 이름이다. 가을에 붉게 달리는 열매를 구기자(枸杞子)라고 하여 약재와 술로 이용한다.

생태적 특성

구기자나무는 가시가 헛개나무(枸)와 비슷하고 줄기는 버드나무(杞)와 비슷하여 생긴 이름이다. 버릴 것이 하나도 없는 유용한 수종으로, 특히 가을에 붉게 달리는 열매를 구기자(枸杞子)라고 한다.

가지과의 낙엽활엽관목으로 높이는 약 4m까지 자란다. 줄기는 비스듬히 자라는데 가시가 있기도 하고 없기도 하다. 껍질은 회백색이 돈다. 잎은 어긋나며 길이가 3~8cm로 달걀 모양이다. 꽃은 6~9월에 보라색으로 줄기에서 1~4개씩 핀다. 꽃은 지름이 1cm가량이며, 화관은 종 모양으로 5갈래로 갈라지며 끝이 뾰족하다.

열매는 8~10월경에 긴 타원형의 붉은색으로 달리며, 산수유 열매와 비슷하게 생겼다. 그러나 산수유는 신맛이 강한 반면, 구기자는 단맛이 강하다. 또 산수유는 속에 씨가 하나 들어 있으나 구기자는 작은 씨가 여러 개 들어 있는 점도 다르다.

20 구상나무

학명 *Abies koreana* E. H. Wilson
과명 소나무과
형태 상록침엽교목
꽃 4~5월
열매 9~10월

구상나무_잎

구상나무_수피

구상나무_겨울눈

구상나무_암꽃 구상나무_수꽃 구상나무_열매

제주도에서는 이 나무를 쿠살낭 또는 쿠상낭이라고 하는데, 여기에서 '낭'은 제주도 방언으로 나무라는 말이고, 쿠살이나 쿠상은 온몸에 가시가 많은 보라성게를 뜻한다.

생태적 특성

구상나무는 열매 실편에 붙은 포 끝의 바늘이 밖으로 나와 젖혀진 모습이 갈고리같이 생겼다 하여 붙여진 이름이다. 곧 구상은 '갈고리 구(鉤)' 자와 '형상 상(狀)' 자로 이루어진다.

잎은 전나무와 비슷하나 끝이 둘로 갈라져 있으며 바퀴 모양으로 돌려난다. 잎의 뒷면에는 순백색의 기공조선이 발달하여 흰빛을 띤다. 암수한그루로 꽃은 4~5월에 핀다. 수꽃은 한 가지에 5~10개씩 달리며 암꽃은 1~2개씩 달린다. 꽃 색깔은 짙은 자줏빛이며 자라서 타원형의 솔방울이 된다. 그런데 이 솔방울이 아주 흥미롭다. 어떤 것은 푸르고, 어떤 것은 검고, 어떤 것은 붉다.

열매는 9~10월경에 원통형으로 익으며, 길이는 4~6cm, 지름은 2~3cm이다. 종자는 달걀 모양으로 길이 6mm 정도이다. 이 열매는 떨어질 때 산산조각이 나서 바람에 날려간다. 바로 종족을 보존하기 위한 구상나무의 생존 전략이다.

21 국수나무

- **학명** *Stephanandra incisa* (Thunb.) Zabel
- **과명** 장미과
- **형태** 낙엽활엽관목
- **꽃** 5~6월
- **열매** 9월

국수나무_잎

국수나무_수피

국수나무_수피 속

국수나무_꽃

국수나무_열매

가지를 잘라 벗기면 껍질이 국수같이 얇게 벗겨진다고 해서 국수나무라고 한다. 옛날 어린이들이 소꿉놀이할 때 이용되기도 했던 나무이다.

생태적 특성

가지를 잘라 벗기면 껍질이 국수같이 얇게 벗겨진다고 해서 국수나무라고 한다. 옛날 어린이들이 소꿉놀이할 때 이용되기도 했던 나무로 고광나무, 뱁새더울, 거렁방이나무라고도 한다.

낙엽활엽관목으로 높이는 1~2m 정도이다. 많은 줄기가 밑에서 형성하며 가지는 밑으로 처지고 잎은 어긋나며 난형의 결각상 톱니가 있고 뒷면 맥 위에 털이 나 있다. 꽃은 5~6월에 새 가지 끝에서 원추화서를 이루며 흰색으로 피고 열매는 9월에 구형으로 익는데 잔털이 있으며 씨는 광택이 난다.

우리나라와 일본, 중국 등지에 분포한다. 우리나라 전 지역의 산야에 자라는데, 숲속의 그늘이나 건조지에서도 잘 자라고 맹아력이 강하다. 양봉농가에서는 밀원식물로 심고, 농촌에서는 국수나무의 가는 줄기로 삼태기 등을 만드는 데 사용한다.

22 굴거리나무

학명 *Daphniphyllum macropodum* Miq.
과명 굴거리나무과
형태 상록활엽소교목 또는 교목
꽃 5~6월
열매 10~11월

굴거리나무_잎

굴거리나무_수피

굴거리나무_새잎

굴거리나무_암꽃

굴거리나무_수꽃

굴거리나무_열매

순박한 이름에 비해 한자명은 교양목(交讓木)이다. 잎이 나올 때 먼저 달렸던 잎이 떨어지면서 자리를 물려준다고 해서 서로 사귀고 사양한다는 뜻으로 붙여진 것이다.

굴거리나무_씨앗

생태적 특성

굴거리나무는 순박한 이름에 비해 한자명은 교양목(交讓木)으로 지적인 느낌이 든다. 이는 잎이 나올 때 먼저 달렸던 잎이 떨어지면서 자리를 물려준다고 해서 서로 사귀고 사양한다는 뜻으로 붙여진 것이다. 굴거리라는 이름은 제주도 방언에서 유래된 것으로 이 나무를 이용해 굿을 해서 '굿거리'라고 부르던 것이 바뀐 것이라고 한다. 산황수(山黃樹)라고도 하고 만병초, 청대동이라고도 부른다.

상록활엽소교목 또는 교목으로 높이는 10m 정도이고 지름이 30cm이다. 작은 가지는 녹색이지만 어릴 때는 붉은빛을 띤다. 잎은 어긋나며 긴 타원형으로 혁질이다. 표면은 녹색이고 뒷면은 회백색이며 잎자루는 연한 홍색이 돈다. 꽃은 단성화이고 화피가 없는 녹색으로 액생하는 총상화서에 달리며 5~6월에 핀다. 열매는 타원형의 핵과로 10~11월에 암벽색으로 익는다.

23 굴참나무

- **학명** *Quercus variabilis* Blume
- **과명** 참나무과
- **형태** 낙엽활엽교목
- **꽃** 5월
- **열매** 이듬해 9~10월

굴참나무_잎

굴참나무_수피

굴참나무_씨앗

굴참나무_암꽃(2년생)   굴참나무_수꽃   굴참나무_열매

강감찬 장군이 지나가다 지팡이를 꽂은 것이 자랐다는 서울 신림동의 굴참나무는 수령이 1,000년이며, 높이 17m, 지름 2.9m로 천연기념물 제271호로 지정되어 있다.

생태적 특성

굴참나무는 세로로 골이 파여 있어 '골이 파인 참나무'라는 뜻으로 골참나무라고 하던 것이 지금의 굴참나무로 변하였다. 한자명은 전피력(栓皮櫟), 대엽상(大葉橡) 등이며, 영어명은 Oriental Oak 또는 Cork Oak이다. 껍질이 술병의 코르크마개로도 많이 사용되어 붙여진 명칭이다.

낙엽활엽교목으로 높이는 25m이고 지름이 1m이다. 수피는 두꺼운 코르크층으로 되어 있고 작은 가지는 회갈색이며 털이 없다. 잎은 어긋나며 난상의 피침형 및 긴 타원상의 피침형으로 뒷면은 회백색의 성상모(星狀毛)가 밀생한다. 암수한그루로 수꽃은 새 가지 잎과 함께 나오며 밑으로 처지고, 암꽃은 새 가지 엽액에서 나오며 5월에 핀다. 각두는 견과를 2/3쯤 감싸고 포린은 뒤로 젖혀지며, 구형의 견과는 이듬해 9~10월에 익는다. 참나무류의 열매는 결실 기간이 거의 1년인데 굴참나무는 상수리나무와 함께 2년이다.

24 귀룽나무

학명 *Prunus padus* L.
과명 장미과
형태 낙엽활엽교목
꽃 5월
열매 6~7월

귀룽나무_잎

귀룽나무_수피

귀룽나무_어린 줄기와 새잎

꽝꽝나무_꽃봉오리

꽝꽝나무_꽃

꽝꽝나무_열매(미성숙)

꽝꽝나무_열매(성숙)

제주 방언에서 유래된 이름으로, 불을 땔 때 나무에서 '꽝꽝' 하는 소리가 나는 데에서 유래되었다고 한다. 지방에 따라 개화양, 꽝꽝낭, 꽝낭, 좀꽝꽝나무 등으로도 불린다.

생태적 특성

꽝꽝나무는 제주 방언에서 유래된 이름으로, 불을 땔 때 나무에서 '꽝꽝' 하는 소리가 나는 데에서 유래되었다고 한다. 또 나무가 단단해 제주도 말로 단단하다는 뜻의 '꽝꽝'에서 유래되었다는 설도 있다. 지방에 따라서 개화양, 꽝꽝낭, 꽝낭, 좀꽝꽝나무 등으로도 불린다.

상록활엽관목으로 높이는 $3m$ 정도 자라고 수피는 회갈색이며 작은 가지에 짧은 털이 밀생한다. 잎은 어긋나며 혁질로 촘촘히 달린다. 잎의 형태는 타원형 및 도란형이고 가장자리에 둔한 톱니가 있으며 뒷면은 연한 녹색이고 갈색 선점이 있다. 꽃은 5~6월에 백록색으로 피는데, 암수딴그루이다. 수꽃은 3~7개씩 모여 총상화서에 달리며 암꽃은 1개, 드물게는 2~3개가 액생한다. 열매는 구형의 핵과로 10월에 검은색으로 익는다.

27 / 꾸지나무

- **학명** *Broussonetia papyrifera* (L.) L'Her. ex Vent.
- **과명** 뽕나무과
- **형태** 낙엽활엽소교목 또는 교목
- **꽃** 5~6월
- **열매** 9~10월

꾸지나무_잎

꾸지나무_수피

꾸지나무_어린잎

꾸지나무_암꽃 꾸지나무_수꽃 꾸지나무_열매

꾸지나무에서 '꾸지'는 생김새가 '굳이' 뽕나무를 닮았다 하여 생긴 말이다. 곧 '굳이'가 '꾸지'로 변한 것이다. 이 나무로 종이를 만든 데에서 닥나무라고도 한다.

생태적 특성

꾸지나무에서 '꾸지'는 이 나무가 뽕나무 축에 낀다고 하여 또는 생김새가 '굳이' 뽕나무를 닮았다 하여 생긴 말이다. 곧 '굳이'가 '꾸지'로 변한 것이다. 한자로는 구수(構樹) 또는 저수(楮樹)라고 한다. 학명에서 *papyrifera*는 '종이를 만드는'의 뜻으로 이 나무로 종이를 만든 데에서 유래하는데, 흔히 닥나무라고도 한다.

낙엽활엽소교목 또는 교목으로 높이는 10m이고 지름이 50cm이며, 수피는 회흑갈색이나 암회색이고 하나의 줄기가 곧게 자란다. 잎은 장원상의 난형으로 어긋나거나 마주나며 3~4개로 갈라진 결각상이다. 꽃은 암수딴그루이며 수꽃은 유이화서에 달리고 암꽃은 새로 자란 가지의 밑부분에 액상하며 두상화서를 이루고 5~6월에 핀다. 열매는 구형의 취화과로 9~10월에 익는다.

28 꾸지뽕나무

학명 *Cudrania tricuspidata* (Carr.) Bureau ex Lavallee
과명 뽕나무과
형태 낙엽활엽소교목
꽃 5~6월
열매 9~10월

꾸지뽕나무_잎과 잎차례

꾸지뽕나무_수피

꾸지뽕나무_가시

꾸지뽕나무_암꽃　　　　　　　　꾸지뽕나무_수꽃　　　　꾸지뽕나무_열매

뽕나무라는 이름이 붙었으나 사실 뽕나무와 다른 점이 많다. 뽕나무처럼 잎을 누에에 치는 데에 쓸 수 있어서 붙여졌다. 최고급 거문고 줄은 이 나뭇잎으로 기른 누에에서 뽑은 명주를 사용한다.

생태적 특성

구지뽕나무, 굿가시나무, 활뽕나무라고도 한다. 활뽕나무라는 이름은 이 나무로 활을 만드는 데 썼기 때문이다. 한자로는 자수(柘樹), 자자(柘刺), 자상(柘桑)이라고 하는데, 여기에서 자(柘)는 산뽕나무라는 뜻으로 돌이나 자갈이 있는 척박한 곳이나 건조지에서 잘 자라는 나무임을 뜻한다.

뽕나무라는 이름이 붙었으나 사실 뽕나무와 다른 점이 많다. 암수딴그루이며 잎도 다르다. 단지 뽕나무처럼 잎을 누에에 치는 데에 쓸 수 있어서 붙여졌다.

우리나라와 일본, 중국에 분포한다. 우리나라에서는 황해도 이남 해발 100~700m의 양지바른 곳에 자생하는데, 산기슭이나 마을 부근에 많이 자란다. 꽃은 암수딴그루로 5~6월에 핀다. 9~10월에 동그란 홍색 열매가 달리며 식용한다. 잎은 두툼하고 수피는 회갈색으로 벗겨지며 줄기에 커다란 가시가 있다.

29 낙상홍

- **학명** *Ilex serrata* Thunb.
- **과명** 감탕나무과
- **형태** 낙엽활엽관목
- **꽃** 6월
- **열매** 10~11월

낙상홍_잎

낙상홍_수피

낙상홍_새잎

낙상홍_암꽃

낙상홍_수꽃

낙상홍_열매

잎이 떨어져 서리가 내린 후에도 빨갛게 익은 열매를 달고 있어서 낙상홍(落霜紅)이라고 부른다. 잎이 다 떨어지고 난 후에 진가를 보여주는 나무라고 할 수 있겠다.

생태적 특성

잎이 떨어지고 서리가 내린 후에도 빨갛게 익은 열매를 달고 있어서 낙상홍(落霜紅)이라고 부른다. 열매는 새들의 좋은 먹이가 되며, 소화되지 않은 씨들이 새들을 따라 멀리까지 옮겨지게 된다. 종족을 번식하는 독특한 방법이다.

낙엽활엽관목으로 높이는 $2{\sim}3m$ 정도이고 수피는 회색이다. 작은 가지(어린 가지 또는 1년생의 가지)에 억센 털이 있거나 없다. 잎은 어긋나며 긴 타원형 및 도란형이고 가장자리에 날카로운 톱니가 있으며 양면에 짧고 억센 털이 있다. 꽃은 암수딴그루로 새로 자란 가지에 연한 자주색으로 6월에 피며 흰색으로도 핀다. 수꽃은 7~15개, 암꽃은 1~7개가 산형으로 모여 달린다. 열매는 둥근 꼴로 10~11월에 붉은 빛으로 익으며 잎이 떨어진 겨울에도 계속 남아 있다. 씨는 흰색으로 6~8개씩 들어 있다.

30 낙우송

학명 *Taxodium distichum* (L.) Rich.
과명 낙우송과
형태 낙엽침엽교목
꽃 4~5월
열매 9~10월

낙우송_잎

낙우송_수피

낙우송_잎차례

낙우송_꽃　　　　　　낙우송_열매　　　　　　낙우송_기근

침엽이면서도 잎이 낙엽처럼 떨어지는 나무로서 봄에는 연둣빛 새싹, 여름에는 푸른 신록, 가을에는 노랗게 물드는 단풍, 겨울이면 벌거벗은 나무가 되어 사계의 아름다움을 뽐내는 나무이다.

생태적 특성

소나무 잎처럼 생긴 잎이 마치 새의 깃털처럼 떨어진다고 해서 낙우송(落羽松)이라고 한다.

낙엽침엽교목으로 높이는 30~50m 정도이고 지름은 2m까지 자란다. 수형은 원추형이고, 수피는 적갈색으로 잘게 벗겨진다. 잎은 밝은 녹색을 띤 선형으로 어긋나게 두 줄로 배열한다. 꽃은 4~5월에 자주색으로 피는데, 수꽃은 원추형으로 밑으로 처지고 암꽃은 타원형이다. 열매는 원형으로 대가 짧고 담갈색이며, 씨는 삼각형으로 날개가 있고 갈색으로 9~10월에 익는다.

낙우송의 특징은 사람 무릎처럼 툭툭 튀어나온 뿌리이다. 이러한 뿌리는 줄기에서 맹아가 발생하고 물속에서 측근의 발달이 왕성해 생긴다. 땅을 뚫고 올라온 뿌리를 knee root(무릎뿌리), 우리말로는 '기근'이라고 부르는데, 이 나무가 물에서 자랄 때 공기를 흡입할 수 있도록 땅 위로 뿌리를 낸 것이다.

31 남천

- **학명** *Nandina domestica* Thunb.
- **과명** 매자나무과
- **형태** 상록활엽관목
- **꽃** 6~7월
- **열매** 10월

남천_잎

남천_수피

남천_꽃

남천_어린 열매　　　　　　　　남천_열매(성숙)

남천이라는 이름은 중국명인 남천촉(南天燭), 남천죽(南天竹)에서 유래되었다. 여기에서 촉(燭)은 열매가 불에 타는 것처럼 빨갛다 하여 붙여졌고, 죽(竹)은 줄기가 대나무 같다는 데서 유래한다.

생태적 특성

중국 원산으로 중국명인 남천촉(南天燭), 남천죽(南天竹)에서 유래되었다. 즉 중국의 중부 이남 지역인 남천(南天)에서 자란다고 해서 붙여진 이름이다. 여기에서 촉(燭)은 열매가 불에 타는 것처럼 빨갛다 하여 붙여졌고, 죽(竹)은 곧게 자란 줄기가 대나무 같다는 데서 유래한다.

상록활엽관목으로 높이는 $2m$ 정도이고 밑에서 많은 줄기가 갈라져 포기를 형성한다. 잎은 2~3회 우상복엽으로 어긋나게 달리고, 소엽은 혁질로 타원상의 피침형이며 겨울철에는 홍색으로 변한다. 꽃은 흰색의 양성화로 곧게 서는 가지 끝의 원추화서에 달리며 6~7월에 핀다. 열매는 장과로 구형이며 10월에 붉은색으로 익고 열매 안에 2개의 종자가 들어 있다.

32 노간주나무

학명 *Juniperus rigida* Siebold & Zucc.
과명 측백나무과
형태 상록침엽관목 또는 소교목
꽃 4~5월
열매 이듬해 10월

노간주나무_잎

노간주나무_수피

노간주나무_잎차례

노간주나무_새순

노간주나무_꽃

노간주나무_열매(1년생)

노간주나무의 열매인 두송실(杜松實)은 향이 특별해 고대 그리스에서도 술을 담갔으며, 우리나라에서도 두송주를 만들어 마셨다.

노간주나무_열매(2년생)

생태적 특성

노간주라는 이름은 강원도 방언에서 유래되었다고도 하며, 노가자목(老柯子木)에서 유래되었다고도 한다. 이외에 코뚜레나무, 노가자나무, 노가지나무, 노간주향 등이 있다. 또 두송(杜松), 가이가(柯二柯)라고도 한다.

상록침엽관목 또는 소교목으로 높이는 8m 정도이고 지름이 40cm이다. 가지가 거의 없고 하늘을 향해 곧게 뻗어 자라는데 뿌리는 줄기에서 ㄴ자로 뻗는다. 수피는 적갈색이며 2년생 가지는 다갈색이고 세로로 얕게 갈라진다. 수형은 원추형이다. 잎은 3개씩 돌려나고 끝이 뾰족하고 단면은 V자형이다.

암수딴그루로 수꽃은 난형으로 녹갈색이다. 암꽃은 원형으로 지름 3mm이며 포린으로 되어 있고 9개의 실편이 있으며 녹갈색으로 4~5월에 핀다. 열매는 구형 및 타원형으로 검붉게 익으며, 씨는 갈색의 난형으로 3~4개씩 들어 있다. 열매의 끝이 뾰족하고 이듬해 10월에 익는다.

33 노린재나무

- **학명** *Symplocos chinensis* f. *pilosa* (Nakai) Ohwi
- **과명** 노린재나무과
- **형태** 낙엽활엽관목
- **꽃** 5월
- **열매** 9~10월

노린재나무_잎

노린재나무_수피

노린재나무_꽃

노린재나무_열매(미성숙)

노린재나무_열매(성숙)

노린재나무 이름에서 '노린재'는 벌레를 연상시키지만 벌레인 노린재와는 전혀 관계가 없다. 나무 또는 단풍이 든 잎을 태운 재가 노란빛을 띤다고 해서 붙여진 것이다.

생태적 특성

노린재나무 이름에서 '노린재'는 벌레를 연상시키지만 벌레인 노린재와는 전혀 관계가 없다. 나무 또는 단풍이 든 잎을 태운 재가 노란빛을 띤다고 해서 붙여진 것이다. 한자명은 우비목(牛鼻木), 화산반(華山礬), 백화단(白花丹) 등인데, 우비목은 윤노리나무의 한자명과 똑같다. 영어명은 Chinese Sweetleaf로 잎이 달콤하다는 뜻을 가지고 있지만, 실제로 잎을 먹어보면 별로 단맛은 나지 않는다.

낙엽활엽관목으로 높이는 $1~3m$ 정도이다. 하나의 줄기가 곧게 올라와 많은 가지를 내어 우산 모양의 수형을 만들며 작은 가지에 털이 있다. 잎은 어긋나고 타원형 및 긴 타원상의 도란형이다. 꽃은 새 가지 끝에 원추화서를 이루고 5월에 흰색으로 피며 향기가 있다. 열매는 벽색의 타원형 핵과로 9~10월에 익는다.

34 노박덩굴

- **학명** *Celastrus orbiculatus* Thunb.
- **과명** 노박덩굴과
- **형태** 낙엽활엽덩굴성 목본
- **꽃** 5~6월
- **열매** 10월

노박덩굴_잎

노박덩굴_수피

노박덩굴_잎차례

느티나무_암꽃 꽃봉오리

느티나무_암꽃

느티나무_수꽃

느티나무_열매

어느 마을에나 입구에는 으레 커다란 느티나무가 서 있곤 했는데, 특히 가지가 매우 넓게 퍼져 자라므로 여름날이면 나무 그늘 아래 돗자리나 평상을 놓고 햇빛을 피하는 나무로도 유명하다.

생태적 특성

느티나무는 괴목(槐木)에서 유래된 이름으로, 여기에서 괴목은 본래 느티나무가 아니라 회화나무를 뜻한다. 느티나무가 꼭 회화나무를 닮았는데, 누렇다고 해서 누른회나무 즉 눌회나무라 하다가 느티나무로 바뀌었다고 한다. 한편 한자로는 규목(槻木)이라고 한다.

낙엽활엽교목으로 높이는 25m이고 지름이 3m이다. 수피는 회갈색으로 평활하나 오래되면 비늘처럼 떨어지며 작은 가지는 갈색이다. 잎은 어긋나며 타원형으로 끝이 뾰족하고 가장자리에는 톱니가 있다. 잎은 긴 타원형으로 좌우가 똑같지 않고 다소 일그러져 있는 것이 특징이다. 꽃은 4~5월에 피는데, 암꽃은 가지 끝에 1~2개씩 달리며 수꽃은 새 가지 밑에 10개씩 모여 난다. 열매는 10월에 익으며 평평하고 일그러진 둥근 편구형으로 뒷면에 능선이 있다.

37 능금나무

- **학명** *Malus asiatica* Nakai
- **과명** 장미과
- **형태** 낙엽활엽소교목
- **꽃** 4~5월
- **열매** 10월

능금나무_잎

능금나무_수피　　능금나무_꽃　　능금나무_열매

능금이라는 이름은 숲속의 능금이라는 뜻의 임금(林檎)에서 유래한다. 조선임금(朝鮮林檎), 화홍(花紅)이라고도 한다.

생태적 특성

능금나무의 열매는 사과보다 작고 맛은 새콤달콤하나 사과보다는 그 맛이 덜하다. 능금을 개량해 여러 종의 사과를 만들어냈는데 홍옥이나 국광, 인도, 축, 욱, 스타킹, 델리셔스 등 30여 종이나 되며, 배와 사과의 교잡을 통해 만든 종도 상당히 많다. 능금이라는 이름은 숲속의 능금이라는 뜻의 임금(林檎)에서 유래한다. 조선임금(朝鮮林檎), 화홍(花紅)이라고도 한다.

낙엽활엽소교목으로 높이는 10m 정도이다. 원산지는 우리나라로 영어명도 Korean apple이라고 명시되어 있다. 줄기는 곧게 자라고 원추형의 수형을 이루며 가지는 홍갈색이다. 잎은 어긋나며 난형 및 타원형으로 가장자리에 잔톱니가 있고 뒷면에 털이 많다. 꽃은 짧은 가지에 산형상으로 달리며 연홍색으로 4~5월에 핀다. 열매는 꽃받침의 기부가 혹처럼 부푼 돌기가 있는 것이 사과나무와 다른 점이며, 10월에 황홍색으로 익는데 하얀 가루로 덮여 있다. 열매의 크기는 지름이 4~5.5cm이다.

38 능소화

- **학명** *Campsis grandifolia* (Thunb.) K. Schum.
- **과명** 능소화과
- **형태** 낙엽활엽덩굴성 목본
- **꽃** 8~9월
- **열매** 10월

능소화_잎

능소화_수피

능소화_새잎

능소화_꽃

능소화_꼬투리

옛날에 장원급제한 사람의 화관에 꽂는 어사화로 이용되기도 하였다. 꽃의 자태가 고고하면서도 아름다웠기 때문이다. 또한 양반 집에나 심는 꽃이었다고 하여 양반꽃이라고도 한다.

생태적 특성

능소화는 옛날에 장원급제한 사람의 화관에 꽂는 어사화로 이용되기도 하였고, 귀한 꽃이라서 양반 집에나 심는 꽃이었다고 하여 양반꽃이라고도 한다.

낙엽활엽덩굴성 목본으로 금등화(金藤花)라고도 한다. 가지에 흡착근이 있어 벽에 붙어서 올라가는데, 길이는 10m까지 자란다. 잎은 마주나고 기수우상복엽이며 소엽은 7~9개로 달걀 모양 또는 달걀 모양의 피침형이다. 잎의 길이는 3~6cm이며 끝이 점차 뾰족해지고 가장자리에는 톱니와 털이 있다.

꽃은 8~9월경에 가지 끝에 원추꽃차례를 이루며, 5~15개가 주황색으로 달린다. 꽃의 크기는 지름이 6~8cm이며, 꽃받침은 길이가 3cm이다. 화관은 깔때기와 비슷한 종 모양을 이루고 있다. 열매는 10월에 익는데, 삭과로 네모지다. 하지만 우리나라에서는 대개 열매를 맺지 못한다.

39 능수버들

- **학명** *Salix pseudolasiogyne* H. Lev.
- **과명** 버드나무과
- **형태** 낙엽활엽교목
- **꽃** 4월
- **열매** 5~6월

능수버들_잎

능수버들_수피

능수버들_씨앗

능수버들_암꽃　능수버들_수꽃　　　　　능수버들_열매

조선시대에 가로수로 많이 심어졌는데, 옛날 삼남으로 가는 대표적인 길목인 천안에는 특히 능수버들이 많아 〈흥타령〉이라는 민요도 만들어졌다.

생태적 특성

한자로는 조류(弔柳)라고도 하는데, 흉한 일이나 시신에 염을 할 때 저승길 양식을 입에 넣어주는 숟가락으로 이 나무를 쓴다고 해서 붙여진 것이다. 흔히 수양버들이라고도 한다.

낙엽활엽교목으로 높이는 20m 정도이고 지름이 80cm이다. 수피는 세로로 갈라지며 회갈색이고 작은 가지는 황록색이다. 꽃은 암수딴그루이나 드물게 암수한그루도 나타난다. 잎은 피침형으로 길이가 7~12cm, 너비는 10~17mm이다. 잎의 앞면은 녹색이나 뒷면에는 흰색이 돈다. 잎의 양끝은 뾰족하며 잔톱니가 가장자리에 난다. 수꽃의 포는 타원형으로 긴 털이 있으며 암꽃의 포는 난형으로 4월에 녹색으로 핀다. 열매는 견모가 달린 삭과로 5~6월에 익는다.

40 / 다래

- **학명** *Actinidia arguta* (Siebold & Zucc.) Planch. ex Miq.
- **과명** 다래나무과
- **형태** 낙엽활엽덩굴성 목본
- **꽃** 5~6월
- **열매** 9~10월

다래_잎

다래_수피

다래_잎차례

다래_암꽃　　다래_수꽃

다래_열매(미성숙)　　다래_열매(성숙)

창덕궁에는 수령이 600년 된 천연기념물 제251호의 다래가 있다. 덩굴의 길이가 너무 길어 중간중간 버팀목으로 괴어 놓은 것이 장관이다.

생태적 특성

참다래나무, 다래넌출, 다래덩굴, 청다래나무라고도 하며, 한자명은 등리(藤梨), 연조(軟棗), 연조자(軟棗子) 등이다.

낙엽활엽덩굴성 목본이며 길이는 $7m$ 정도이고 지름은 $15cm$ 정도이다. 가지의 골속은 흰색 또는 갈색을 띠며 계단 모양이고 어린 가지에는 잔털이 있으며 피목이 뚜렷하고 가지는 갈색이다. 잎은 어긋나고 타원형으로 침상의 톱니가 나 있다. 꽃은 암수딴그루이며 액생하는 취산화서에 3~7개가 달린다. 꽃 색깔은 흰색으로 5~6월에 피는데 마치 매화꽃과 같다. 열매는 장과로 난상의 원주형이고 연황록색으로 9~10월에 익는다.

41 닥나무

- **학명** *Broussonetia kazinoki* Siebold
- **과명** 뽕나무과
- **형태** 낙엽활엽관목
- **꽃** 4~5월
- **열매** 9월

닥나무_잎(앞면)

닥나무_수피

닥나무_잎(뒷면)

닥나무_암꽃　　　　　　닥나무_수꽃　　　　　　닥나무_열매

닥나무는 예로부터 종이를 만드는 데에 쓰였다. 실제로 닥나무 껍질로 만든 종이를 저지(楮紙)라고 하는데, 그냥 종이라는 의미로도 사용된다.

생태적 특성

닥나무라는 이름은 이 나무의 줄기를 꺾으면 '딱' 하는 소리가 난다고 해서 붙여졌다고 한다. 실제로 딱나무라고 부르기도 하며, 한자로 구피마(構皮麻)라는 이름도 있다.

여러 개의 줄기가 휘어져 올라오고 수피는 회갈색이며 작은 가지에 짧은 털이 있으나 곧 없어진다. 잎은 난상 타원형으로 어긋나고 가장자리에는 잔톱니와 2~3개의 결각이 있다. 꽃은 암수한그루로 4~5월에 핀다. 수꽃은 새로 난 가지의 아래쪽에서 액생하고, 암꽃은 위쪽에 액생한다. 열매는 9월에 붉은색의 둥그스름한 취화과로 익는다.

닥나무 껍질로 팽이치기를 하면 '딱딱' 하는 경쾌한 소리가 나서 예로부터 팽이치기 놀이에 많이 쓰던 나무이기도 하다. 한방에서는 열매를 저실(楮實), 구수자(構樹子)라고 한다.

42 단풍나무

- **학명** *Acer palmatum* Thunb.
- **과명** 단풍나무과
- **형태** 낙엽활엽소교목 또는 교목
- **꽃** 5월
- **열매** 9~10월

단풍나무_새잎

단풍나무_수피

단풍나무_잎과 열매

단풍나무_암꽃　　　　단풍나무_수꽃　　　단풍나무_열매

캐나다의 국기에 그려져 있는 단풍나무 잎은 설탕단풍(Acer saccharum)이다. 수액에 당분이 많아 단풍시럽을 만들어 먹는다.

생태적 특성

가을이면 온 산이 울긋불긋 곱게 단풍(丹楓)이 물든다. 여러 나무들이 저마다 멋진 단풍을 보여주는데, 그중에서 가장 대표적인 것이 바로 단풍나무이다. 산단풍나무, 내장단풍, 붉은단풍나무, 색단풍나무, 모미지나무 등으로도 불린다.

낙엽활엽소교목 또는 교목으로 높이는 10m이고 수피는 진한 회색이며 작은 가지는 적갈색이다. 잎은 마주나며 원형에 가깝고 5~7개로 깊게 갈라지며 가장자리는 겹톱니가 있다. 꽃은 잡성화 또는 암수한그루로 산방화서에 달리며 5월에 핀다. 열매는 담황색의 시과로 둔각으로 벌어지며 9~10월에 익는다.

단풍이 아름다워 관상용으로 심으며 목재는 건축재, 악기재, 조각재, 기구재 등으로 쓴다. 캐나다의 국기에 그려져 있는 단풍나무 잎은 설탕단풍(Acer saccharum)이다.

43 담쟁이덩굴

- **학명** *Parthenocissus tricuspidata* (Siebold & Zucc.) Planch.
- **과명** 포도과
- **형태** 낙엽활엽덩굴성 목본
- **꽃** 6~7월
- **열매** 9~10월

담쟁이덩굴_잎

담쟁이덩굴_수피

담쟁이덩굴_새잎

담쟁이덩굴_꽃   담쟁이덩굴_어린 열매   담쟁이덩굴_열매(성숙)

한자로는 지금(地錦) 또는 파산호(爬山虎), 상춘등(常春藤)이라고 하며, 지금이라는 이름은 가을에 붉은 단풍이 들어 땅(地)을 뒤덮는 비단(錦)과 같다 하여 붙여졌다.

생태적 특성

흙 하나 없는 담장을 타고 오르는 것은 줄기의 가지 끝에 있는 흡착근 때문이다. 한자로는 지금(地錦) 또는 파산호(爬山虎), 상춘등(常春藤)이라고 하며 담쟁이넝쿨, 담장넝쿨, 담장이넝쿨, 돌담장이 등으로도 불린다. 여기에서 지금이라는 이름은 가을에 붉은 단풍이 들어 땅(地)을 뒤덮는 비단(錦)과 같다 하여 붙여졌다.

낙엽활엽덩굴성 목본으로 줄기는 길이 10m 이상 자란다. 줄기가 많이 갈라지고 덩굴손은 짧으며 가지 끝에 흡착근이 생겨 담벽이나 암벽에 잘 부착한다. 잎은 어긋나며 난형이고 어릴 때는 3개의 소엽으로 된 복엽이 나타나기도 한다. 꽃은 양성화로 많은 꽃이 액생 또는 가지 끝에 취산화서를 이루며 황록색으로 6~7월에 핀다. 열매는 구형의 장과로 백분으로 덮이고 9~10월에 익는다.

44 대추나무

- **학명** *Zizyphus jujuba* var. *inermis* (Bunge) Rehder
- **과명** 갈매나무과
- **형태** 낙엽활엽소교목
- **꽃** 5~6월
- **열매** 9~10월

대추나무_새잎

대추나무_수피

대추나무_줄기에 난 가시

대추나무_꽃

대추나무_열매(미성숙)

대추나무_열매(성숙)

열매를 많이 열게 하기 위해 시집보내기를 하기도 한다. 정월 대보름날이나 단옷날, 아래쪽에서 갈래로 갈라진 나무줄기 사이에 큼지막한 돌을 끼우면 열매가 많이 맺힌다는 것이다.

생태적 특성

대추라는 이름은 한자 대조(大棗)에서 유래된 것이다. 한자명으로는 조목(棗木), 홍조(紅棗) 등이 있으며, 건조, 백조, 대조, 인조, 양조, 계조, 흑조 등의 다른 이름도 있다.

낙엽활엽소교목으로 높이는 10m이고 수피는 흑갈색이다. 작은 가지는 한 군데에서 여러 개가 나오며 가지의 가시는 흔적만 남아 있다. 잎은 어긋나며 난형이고 가장자리에 둔한 톱니가 있으며 탁엽은 길이 3cm의 가시로 변한다. 꽃은 양성으로 액생하는 취산화서에 2~3개씩 달리며 황록색으로 5~6월에 핀다. 열매는 타원형의 핵과로 9~10월에 적갈색 또는 암갈색으로 익는다.

목재는 매우 단단해 떡메, 달구지, 도장, 목탁, 불상, 공예품으로 사용한다. 특히 벼락을 맞은 대추나무를 벽조목(霹棗木)이라고 하는데, 예로부터 이 나뭇가지를 지니고 다니면 요사한 기운을 물리친다고 하며, 부적을 만들어 차고 다니면 잡귀를 물리칠 수 있다고 여겨왔다.

45 독일가문비

- **학명** *Picea abies* (L.) H. Karst.
- **과명** 소나무과
- **형태** 상록침엽교목
- **꽃** 5월
- **열매** 10월

독일가문비_잎

독일가문비_수피

독일가문비_새잎

독일가문비_암꽃

독일가문비_수꽃

독일가문비_열매

독일가문비_전년도 열매

재질이 좋아 건축재, 펄프재, 보트와 맥주통의 재료로 사용되며, 피아노의 공명판이나 바이올린, 기타의 몸체를 만드는 데에도 쓰인다.

생태적 특성

상록침엽교목으로 높이 50~60m이고 지름은 2~3m에 이른다. 수형은 전체적으로 원추형을 하고 있으며, 적갈색의 수피는 얇은 비늘 조각으로 벗겨진다. 잎은 바늘 모양이며 횡단면이 사각상의 선형으로 길이는 2~2.5cm이고, 끝이 뾰족하다. 꽃은 5월에 피는데, 수꽃은 황갈색이며 암꽃은 연한 자주색이다. 전년도 가지 끝에 달린다. 열매는 길이 10~15cm로 긴 원추형을 이루는데, 가지처럼 아래로 드리워지는 것이 특징이다. 색깔은 녹황색으로 10월에 익는다.

46 돈나무

- **학명** *Pittosporum tobira* (Thunb.) W. T. Aiton
- **과명** 돈나무과
- **형태** 상록활엽관목
- **꽃** 5~6월
- **열매** 10~12월

돈나무_잎

돈나무_수피

돈나무_새잎

돈나무_암꽃

돈나무_수꽃

돈나무_열매(미성숙)

돈나무_열매(성숙)

잎과 수피, 뿌리에서 좋지 않은 냄새가 나며 열매에는 끈적끈적한 점액질이 있어 파리 같은 곤충들이 날아와 지저분하다. 그래서 똥낭 혹은 똥나무라고 불렀다.

생태적 특성

섬엄나무, 똥나무, 섬음나무, 음나무, 갯똥나무, 해동 등으로도 불린다.

상록활엽관목으로 높이는 2~3m 정도이고 가지에 갈색 털이 있다. 잎은 혁질로 가지 끝에서 돌려나고 긴 도란형이다. 가장자리는 밋밋하고 뒤로 말리면서 반원형의 수관을 이루는데 수형이 아름답다. 꽃은 양성으로 가지 끝에 취산화서를 이루며 흰색에서 점차 황색으로 되고 향기가 나며 5~6월에 핀다. 열매는 삭과로 털이 있으며 10~12월에 익는데 3갈래로 갈라지며 붉은 점액에 싸인 씨가 잔뜩 들어 있다.

47 돌가시나무

학명 *Rosa wichuraiana* Crep. ex Franch. & Sav.
과명 장미과
형태 반상록활엽 포복성 관목
꽃 5~6월
열매 9~10월

돌가시나무_잎

돌가시나무_새잎

돌가시나무_줄기

돌가시나무_꽃　　　돌가시나무_열매(미성숙)　　　돌가시나무_열매(성숙)

꽃을 보면 꼭 찔레꽃이다. 하얀 꽃도 그렇지만 열매도 흡사하다. 하지만 찔레꽃이 땅 위에 꼿꼿하게 서서 자라는 반면, 돌가시나무는 땅 위를 기듯 자라는 점이 크게 다르다.

생태적 특성

반들가시나무, 대도가시나무, 붉은돌가시나무, 대마도가시나무, 긴돌가시나무, 홍돌가시나무, 땅가시나무, 땅찔레나무, 용가시나무 등 다양한 이명이 있다.

반상록활엽 포복성 관목으로 바닷가에서 잘 자란다. 전체적으로 가시가 많은 반면에 털은 없다. 어긋나는 잎은 7~8개의 소엽으로 구성된 깃꼴겹잎이다. 소엽은 달걀을 거꾸로 세운 듯한 모습이거나 넓은 달걀 모양이다. 잎끝이 뭉뚝하고 밑부분은 둥글다. 잎 가장자리에 굵은 톱니가 있는 것이 특징이다. 흰색의 꽃은 지름이 약 4cm이며, 가지 끝에 1~5개 정도 달린다. 꽃잎은 잎과 비슷한 모양으로 끝이 오목하며, 꽃받침조각은 피침형이다. 열매는 가을에 붉게 익는데 모양은 둥글다.

48 동백나무

- **학명** *Camellia japonica* L.
- **과명** 차나무과
- **형태** 상록활엽소교목
- **꽃** 12~이듬해 4월
- **열매** 9~10월

동백나무_잎

동백나무_수피

동백나무_겨울눈

동백나무_꽃

동백나무_열매(미성숙)

동백나무_열매(성숙)

붉은 동백을 보면 봄이 곧 온다는 생각을 갖게 된다. 여기에서 백(柏) 자는 흰(白) 눈 속에서도 자라는 나무(木)라는 뜻으로, 겨울에도 잎이 푸르고 꽃이 피는 상록수임을 나타낸다.

동백나무_씨앗

생태적 특성

동백, 뜰동백나무, 뜰동백으로도 불리며, 한자로는 홍산차(紅山茶), 동백목(冬柏木), 동백(冬柏)으로 쓴다. 특이한 것은 이름에 차를 뜻하는 차(茶) 자를 붙인 것인데, 이는 이 동백나무가 차나무과이기 때문이다.

상록활엽소교목으로 높이는 7m 정도이고 작은 가지는 홍갈색이다. 잎은 어긋나고 타원형 및 긴 타원형으로 예저이며 파상의 잔톱니가 있다. 꽃은 양성화로 가지 끝에 1개씩 피며 꽃잎은 5~7장으로 12~이듬해 4월에 핀다. 열매는 구형의 삭과로 9~10월에 익고 3개로 갈라지며 씨는 암갈색이다.

동백꽃은 벌과 나비의 힘을 빌리지 않는 대신, 화밀(花蜜)이 많아 동박새에 의해 수정이 이루어진다. 동백꽃은 동박새에게 꿀을 먹이고 동박새는 동백꽃의 꽃가루를 날라다 주어 꽃가루받이를 시켜주는 것이다.

49 두릅나무

- **학명** *Aralia elata* (Miq.) Seem.
- **과명** 두릅나무과
- **형태** 낙엽활엽관목 또는 소교목
- **꽃** 8~9월
- **열매** 10월

두릅나무_잎

두릅나무_수피

두릅나무_겨울눈

두릅나무_새순   두릅나무_꽃   두릅나무_열매

두릅은 알싸하면서도 단맛이 나고 향이 그윽하다. 어린순을 데쳐서 먹기도 하지만 튀김, 산적, 부침, 전골, 장아찌 등 다양하게 요리할 수 있다.

생태적 특성

두릅나무 이름은 목두채(木頭菜)에서 둘훕이 유래되었고 다시 두릅으로 변한 것이다. 두채는 나무줄기의 끝에서 나오는 어린순이 마치 머리처럼 나오는 것을 비유하여 이름을 붙였다. 드릅나무, 참두릅나무, 참두릅, 참드릅 등으로도 불리며, 한자명은 늙은 까마귀 발톱 같은 가시가 있다 하여 자노아(刺老鴉), 용의 비늘과 같다 하여 자룡아(刺龍芽)로 불리기도 한다.

낙엽활엽관목 또는 소교목으로 높이는 3~5m이고 수피는 회색이며 줄기에 가시가 많다. 잎은 어긋나며 기수 2회 우상복엽이며 잎줄기와 소엽에 가시가 있다. 소엽은 넓은 난형 및 긴 난형으로 가장자리에 큰 톱니가 있고 뒷면은 회색으로 맥 위에 털이 있다. 꽃은 양성화로 흰색이며 가지 끝에서 나오는 산형상의 원추화서로 8~9월에 흰색으로 핀다. 열매는 구형으로 5개의 능선이 있고 10월에 검은색으로 익는다.

50 두충

학명 *Eucommia ulmoides* Oliv.
과명 두충과
형태 낙엽활엽교목
꽃 4~5월
열매 9~10월

두충_잎

두충_수피

두충_새순

두충_암꽃

두충_수꽃

두충_열매

두충은 옛날 중국에서 두중(杜仲)이란 사람이 이 나무의 껍질을 복용하고 도를 터득했다는 데서 유래된 이름이다. 두중, 당두중(唐杜仲), 사중(思仲), 사선(思仙)이라고도 한다.

두충_씨앗

생태적 특성

두충은 옛날 중국에서 두중(杜仲)이란 사람이 이 나무의 껍질을 복용하고 도를 터득했다는 데서 유래된 이름이다. 두중, 당두중(唐杜仲), 사중(思仲), 사선(思仙)이라고도 한다. 흔히 사철나무를 두충, 동청이라고 하기도 해서 헷갈리는데, 서로 다른 종이다. 사철나무가 한방에서 두충을 대신해 쓰기도 하다 보니 혼동을 가져왔을 뿐이다. 그래서 두충을 당두중이라고 해서 확실하게 구분하기도 한다.

낙엽활엽교목으로 높이는 10m 이상이고 지름이 30cm 정도이다. 줄기는 곧게 자라며 많은 가지를 내고 수피는 갈색이 도는 회백색이다. 잎은 어긋나고 난상의 타원형으로 가장자리에는 잔톱니가 있다. 암수딴그루로 꽃은 잎보다 먼저 나오는데 당년도 가지의 기부에 모여 달리며 화피가 없고 4~5월에 핀다. 열매는 혁질의 긴 타원형 날개가 있는 시과로 9~10월에 익는다. 잎과 열매를 찢으면 실이나 고무 같은 점질의 흰색 실이 길게 늘어난다.

51 / 등

학명 *Wisteria floribunda* (Willd.) DC.
과명 콩과
형태 낙엽활엽덩굴성 목본
꽃 5~6월
열매 9~10월

등_잎

등_수피

등_줄기

등_꽃봉오리 등_열매 등_단풍

천연기념물로 지정된 것이 몇 그루 있는데 그중 유명한 것은 서울 삼청동 국무총리공관의 등이다. 수령이 900년 정도로 추정되며 천연기념물 제254호로 지정되었다.

생태적 특성

등은 나무지만 칡과 같이 다른 식물을 감고 오르는 덩굴성 목본이다. 다화자등(多花紫藤)에서 유래된 이름으로 참등나무, 조선등나무, 왕등나무, 연한붉은참등덩굴이라고도 한다.

낙엽활엽덩굴성 목본으로 길이는 16m 정도이고 작은 가지는 회갈색이다. 잎은 어긋나며 13~19개의 소엽으로 된 기수우상복엽이며 소엽은 난상의 타원형으로 길이는 4~8cm이다. 꽃은 정생 또는 액생하며 길이 30~40cm의 총상화서에 달린다. 연한 자주색으로 5~6월에 잎과 같이 핀다. 열매는 보드라운 털로 덮였는데, 아래는 넓고 기부로 갈수록 좁아지는 꼬투리 열매로 9~10월에 익는다.

52 딱총나무

- **학명** *Sambucus williamsii* var. *coreana* (Nakai) Nakai
- **과명** 인동과
- **형태** 낙엽활엽관목
- **꽃** 5~6월
- **열매** 9~10월

딱총나무_잎

딱총나무_수피

딱총나무_꽃봉오리　　　　　딱총나무_꽃　　　　딱총나무_열매

딱총나무가 영화에 등장한 것은 지극히 당연한 것 같다. 서양에서는 이 나무가 마법사의 나무로 알려져 마법 지팡이를 만드는 재료라고 믿어 왔기 때문이다. 생존력이 강하여 부활의 상징으로도 여겨졌다.

생태적 특성

딱총나무는 서양에서 마법사의 나무로 알려져 있어 마법 지팡이를 만드는 재료라고 믿어 왔다. 또 생존력이 강하여 부활의 상징으로도 여겨졌다. 북부 독일에서는 어린 딱총나무 가지를 잘라 죽은 자의 치수를 재는 것이 관습이었고, 영구차를 모는 사람은 채찍 대신 딱총나무 막대기를 사용했다고 한다. 우리나라에서는 줄기를 꺾으면 '딱' 하고 총소리가 나서 딱총나무라고 했으며, 가지로 딱총을 만들어서 놀기도 했다.

낙엽활엽관목으로 높이는 3m이다. 덩굴처럼 자라는 것이 특징이며 나무껍질은 갈색 또는 회갈색이다. 어린 가지는 연초록빛을 띤다. 잎은 마주나고 우수우상복엽이며 장타원형으로 생긴 소엽은 5~7개로 길이 5~14cm, 너비 3~6cm이다. 꽃은 5~6월에 가지 끝에 황록색으로 달린다. 둥근 열매는 9~10월에 붉게 익는다.

53 땅비싸리

학명 *Indigofera kirilowii* Maxim. ex Palib.
과명 콩과
형태 낙엽활엽관목
꽃 5~6월
열매 10월

땅비싸리_잎

땅비싸리_새잎

땅비싸리_단풍

땅비싸리_꽃   땅비싸리_꽃 무리   땅비싸리_열매

수십 년 전만 해도 시골에서는 땅비싸리로 빗자루를 만들곤 했다. 땅비싸리는 빗자루로 사용하는 나무라는 뜻이다. 땅을 덮을 만큼 무성하게 자라 '땅'이 앞에 붙었다.

생태적 특성

땅비싸리는 빗자루로 사용하는 나무라는 뜻이다. 땅을 덮을 만큼 무성하게 자라 '땅'이 앞에 붙었다. 지역에 따라 부르는 이름이 많아서 젓밤나무, 땅비수리, 논싸리, 고려땅비사리, 완도당비사리, 좀땅비싸리, 민땅비싸리, 땅비수리, 민땅비수리라고도 한다. 또 한자명은 조선정등(庭藤), 화귀람(花鬼藍)이다.

낙엽활엽관목으로 높이는 $1m$ 정도이고 잎은 어긋나며 7~11개의 소엽으로 된 기수우상복엽이며 소엽은 난상 타원형 및 타원형이다. 양면에 약간의 겹털이 누워 있다. 꽃은 액생하는 총상화서에 달리며 5~6월에 보라색으로 피기 시작해 6월까지 계속하여 핀다. 열매는 원주형의 협과로 10월에 황갈색 또는 적갈색으로 익는다.

54 때죽나무

- **학명** *Styrax japonicus* Siebold & Zucc.
- **과명** 때죽나무과
- **형태** 낙엽활엽소교목
- **꽃** 5~6월
- **열매** 9~10월

때죽나무_잎

때죽나무_수피

때죽나무_묘목

때죽나무_꽃　　때죽나무_열매　　때죽나무_벌레집

노가나무, 족나무, 왕때죽나무, 때쭉나무라고도 하며, 종처럼 생긴 흰 꽃이 아래를 보고 피어 영어로는 Snowbell로 불린다.

생태적 특성

때죽나무는 열매껍질에 독성이 있어 옛날에는 열매를 찧어 물에 풀어 물고기를 잡았는데, 물고기가 떼로 죽는다고 해서 떼죽나무라 하던 것이 때죽나무로 바뀌었다는 유래가 있다. 또 사포닌 성분이 들어 있어서 비누로도 썼는데, 기름때를 죽 뺀다고 하여 때죽나무라고 했다는 설도 있고, 다갈색의 줄기가 마치 때가 많은 것처럼 보여 때죽나무라고 했다는 설도 있다. 노가나무, 족나무, 왕때죽나무, 때쭉나무라고도 하며, 한자명은 제돈과(齊墩果), 야말리(野茉莉)이다.

낙엽활엽소교목으로 높이는 10m 정도이다. 밑에서 많은 줄기를 내는데 줄기는 흑갈색으로 세로로 줄이 나 있으며 어린 줄기에는 수피가 세로로 일어난다. 잎은 어긋나고 좁은 달걀 모양이다. 꽃은 양성화로 2~5개가 액생으로 총상화서에 달리는데 종처럼 생긴 흰 꽃이 아래를 보고 5~6월에 일제히 핀다. 열매는 난상 원형의 핵과로 긴 자루에 주렁주렁 매달리며 9~10월에 회녹색으로 익는다. 씨는 갈색으로 1~2개가 들어 있다.

55 떡갈나무

- **학명** *Quercus dentata* Thunb.
- **과명** 참나무과
- **형태** 낙엽활엽교목
- **꽃** 4~5월
- **열매** 9~10월

떡갈나무_잎

떡갈나무_수피

떡갈나무_겨울눈

떡갈나무_새잎

떡갈나무_암꽃

떡갈나무_수꽃

떡갈나무_열매

갈잎은 가랑잎이라는 뜻이며 특히 떡갈나무의 잎을 뜻한다. 그래서 떡갈나무를 흔히 가랑잎나무라고도 한다. 떡갈나무라는 이름은 떡을 찔 때 시루에 잎을 까는 나무라는 데에서 유래한다.

떡갈나무_씨앗

생태적 특성

떡갈나무라는 이름은 떡을 찔 때 시루에 잎을 까는 나무라는 데에서 유래한다. 그렇게 하면 잎의 향긋한 냄새와 잎에 묻은 진딧물 오줌의 달작지근한 맛이 배어서 떡 맛이 좋다. 또한 피톤치드의 핵심물질인 테르펜의 살균효과가 미생물의 생육을 억제해 떡이 상하지 않게 하는 효과도 있다고 한다.

낙엽활엽교목으로 높이는 20m이고 지름이 70cm이다. 수피가 두껍기 때문에 산불에 강하고 줄기는 곧게 자라며 작은 가지는 조밀하다. 잎은 도란형으로 가장자리는 파도 모양으로 갈라지며 잎자루는 짧고 혁질이며 뒷면에 갈색 털이 밀생한다. 수꽃은 새 가지에서 길게 늘어지고, 암꽃은 위로 곧게 나오며 4~5월에 핀다. 각두는 견과를 1/2 이상 감싸고 포린은 뒤로 젖혀지며 적갈색이고 견과는 난형으로 9~10월에 익는다.

56 뜰보리수

- **학명** *Elaeagnus multiflora* Thunb.
- **과명** 보리수나무과
- **형태** 낙엽활엽관목 또는 소교목
- **꽃** 4~5월
- **열매** 5~6월

뜰보리수_잎

뜰보리수_수피

뜰보리수_어린 수피

뜰보리수_꽃 뜰보리수_열매

보리수나무, 왕보리수나무는 토종이지만 뜰보리수는 일본에서 들여온 것이다. 한여름에 빨갛게 익는 열매가 마치 작은 앵두 같은 느낌을 주는 것이 특징이다.

생태적 특성

보리수나무 종류는 원예종으로 심어지는데, 이 수종은 뜰에 많이 심는다고 하여 뜰보리수라는 이름을 얻었다. 그만큼 야생에서는 많이 자라지 않는다. 빨간 열매가 미각을 자극해 따 먹는 이가 많지만 덜 익은 상태이므로 매우 시고 떫다. 그래서 맛이 없다고 여길지 모르겠으나 좀 더 익어 붉은색이 검게 되어 갈 때 따 먹으면 훨씬 맛이 좋다.

높이가 2~4m 정도밖에 안 되며 수피는 흑갈색이다. 어린 가지는 적갈색의 비늘털로 덮여 있는 것이 특징이다. 어긋나는 잎은 긴 타원형을 이룬다. 잎 양 끝은 좁고 길이는 3~10cm이다. 잎 가장자리는 밋밋한 편이다. 봄에 연한 노란색 꽃이 잎겨드랑이에 한두 개씩 달린다. 꽃에는 흰색과 갈색의 털이 난다. 핵과의 열매는 긴 타원형으로 길이는 1.5cm이다. 5~6월에 붉게 익으면 약간 떫기는 하지만 식용할 수가 있다.

57 리기다소나무

학명 *Pinus rigida* Mill.
과명 소나무과
형태 상록침엽교목
꽃 5월
열매 이듬해 9~10월

리기다소나무_잎

리기다소나무_수피

리기다소나무_잎차례

리기다소나무_새순

리기다소나무_암꽃 리기다소나무_수꽃 리기다소나무_열매

송진이 다른 소나무에 비해 많은 편이라서 영어명도 Pitch Pine이다. pitch가 바로 송진 또는 수지라는 뜻이다.

생태적 특성

'리기다'라는 말은 '질긴, 빳빳한'의 뜻을 지닌 rigid에서 유래한다. 리기다소나무는 송진이 다른 소나무에 비해 많은 편이라서 영어명도 Pitch Pine이다. pitch가 바로 송진 또는 수지라는 뜻이다. 리기다소나무를 강엽송, 송절이라고 부르며, 세잎소나무나 삼엽송이라고도 한다.

상록침엽교목으로 높이는 25m에 이르고 지름이 90cm 정도까지 자란다. 가지가 넓게 퍼지고 원줄기에서도 짧은 가지가 나와 잎이 달릴 정도로 싹트는 힘이 강한 편이다. 수피는 적갈색으로 깊게 갈라지며 침엽은 3개씩 속생하는데 딱딱하면서도 조금씩 비틀려 있다.

암수한그루로 5월에 꽃이 핀다. 수꽃은 원기둥 모양으로 노란빛을 띤 자주색으로 피며, 암꽃은 달걀 모양으로 새순 위에 핀다. 열매는 난상 원추형으로 길이 3~9cm이고 가지에 달려 있으며, 실편에 가시 모양의 돌기가 보인다. 종자는 난상 삼각형으로 이듬해 9~10월에 갈색으로 익는다.

58 마가목

학명 *Sorbus commixta* Hedl.
과명 장미과
형태 낙엽활엽소교목
꽃 5~6월
열매 9~10월

마가목_잎

마가목_수피

마가목_꽃

 마가목_열매(미성숙)
 마가목_열매(성숙)

마깨낭, 은빛마가목이라고도 한다. 예로부터 약효가 뛰어나다고 알려졌는데, 풀 중에는 산삼이 최고이듯 나무 중에는 마가목을 으뜸으로 쳤다.

생태적 특성

독특한 이름의 마가목은 한자명인 마아목(馬牙木)에서 유래한다. 싹이 나오는 모양이 말의 이빨처럼 생겼다고 해서 붙여진 것으로 마깨낭, 은빛마가목이라고도 한다. 예로부터 약효가 뛰어나다고 알려졌는데, 풀 중에는 산삼이 최고이듯 나무 중에는 마가목을 으뜸으로 쳤다.

낙엽활엽소교목으로 높이는 6~8m 정도이고 어린 가지와 겨울눈에는 털이 없고 겨울눈에는 끈적거리는 성분이 있다. 줄기는 거칠고 독특한 냄새가 나는데, 나뭇가지를 흔들면 더욱더 독특한 냄새가 난다. 잎은 어긋나고 소엽은 9~13개로 피침형이며 표면은 녹색이고 뒷면은 연녹색이다. 잎 가장자리에 길고 뾰족한 톱니가 있다. 꽃은 복산방화서로 꽃차례에는 털이 없고 5~6월에 흰색으로 피며, 열매는 9~10월에 홍색으로 익는다.

59 / 마삭줄

학명 *Trachelospermum asiaticum* (Siebold & Zucc.) Nakai
과명 협죽도과
형태 상록활엽덩굴성 목본
꽃 6~7월
열매 10~11월

마삭줄_잎

마삭줄_수피  마삭줄_새잎  마삭줄_겨울잎

마삭줄_꽃

마삭줄_열매(미성숙)

마삭줄_열매(성숙)

마삭줄_씨앗

꽃은 하얗게 피어서 점점 노란빛으로 바뀌어 간다. 다섯 장의 꽃잎이 마치 바람개비처럼 돌려나는 모습이 재미있다.

생태적 특성

마삭줄은 협죽도과의 덩굴성 식물로 삼으로 꼰 밧줄 같다고 해서 마삭(麻索)줄이라고 한다. 마삭나무, 겨우사리덩굴, 마삭덩굴, 마살풀이라고도 한다. 전체 길이가 5m 정도까지 뻗는데, 재미있는 것은 줄기가 땅에 닿으면 그곳에 뿌리를 내리며, 다른 물체에 닿으면 그 물체에 붙어 위로 올라간다.

잎은 타원형 또는 달걀 모양으로 마주나며 표면은 짙은 녹색으로 윤기가 흐르고 뒷면은 털이 있기도 하고 없기도 하다. 꽃은 6~7월에 하얗게 피어서 점점 노란빛으로 바뀌어간다. 다섯 장의 꽃잎이 마치 바람개비처럼 돌려나고 지름은 2~3cm 내외이다. 열매는 10~11월에 길이 1.2~2.2cm로 2개씩 달린다. 꼬투리처럼 생긴 긴 열매가 활처럼 굽어 달리는데, 바람개비처럼 생긴 꽃에서 활 같은 모양의 열매를 맺는다.

60 매발톱나무

학명 *Berberis amurensis* Rupr.
과명 매자나무과
형태 낙엽활엽관목
꽃 4~5월
열매 9~10월

매발톱나무_잎

매발톱나무_수피

매발톱나무_줄기에 난 가시

매발톱나무_꽃 매발톱나무_어린 열매 매발톱나무_열매(성숙)

줄기와 잎에 매의 발톱처럼 날카로운 가시가 3개씩 달려 있어서 매발톱나무라고 한다. 미나리아재비과의 여러해살이풀인 매발톱꽃도 있지만 전혀 다른 종이다.

생태적 특성

줄기와 잎에 매의 발톱처럼 날카로운 가시가 3개씩 달려 있어서 매발톱나무라고 한다. 미나리아재비과의 여러해살이풀인 매발톱꽃도 있지만 전혀 다른 종이다.

낙엽활엽관목으로 높이는 2m 정도이고 수피는 회색으로 표면이 세로로 갈라지며 밑에서 많은 줄기가 올라온다. 작은 가지는 황회색으로 길이 1~3cm의 잎 같은 가시가 나 있다. 잎은 어긋나며 도란상의 타원형으로 잎 가장자리에 불규칙한 잔톱니가 있다. 꽃은 담황색이고 밑으로 처지는 총상화서로 달리며 4~5월에 핀다. 열매는 타원형의 장과로 9~10월에 붉은색으로 익는다.

61 매실나무

학명 *Prunus mume* (Siebold) Siebold & Zucc.
과명 장미과
형태 낙엽활엽소교목
꽃 2~4월
열매 6~7월

매실나무_잎

매실나무_수피

매실나무_새잎

매실나무_꽃 매실나무_열매(미성숙) 매실나무_열매(성숙)

추위를 무릅쓰고 피는 매화는 선비의 불굴의 정신을 뜻한다고 하여 예로부터 사군자로 추앙받은 나무이기도 하다.

생태적 특성

매실은 생각만 해도 새콤한 신맛이 입안에 도는데, 재미있는 것은 매실의 매(梅) 자가 본래는 모(某) 자였으며, 매 자에는 어머니가 되는 것을 알린다는 뜻이 숨어 있다고 한다. 한자 속에도 어미 모(母) 자가 들어 있듯, 옛날에 여자가 갑자기 매실이 먹고 싶어지면 임신을 떠올리곤 했던 것이다. 어쨌든 매실나무는 간단히 매(梅)라고도 하고 춘매(春梅), 천지매(千枝梅)라고도 한다. 아주 이른 봄에 꽃을 피우기로 유명해 흔히 설중매(雪中梅)라는 별칭으로도 불릴 정도이다.

낙엽활엽소교목으로 높이는 6m 정도이며 둘레는 60cm이다. 잎은 어긋나고 난형으로 가장자리에는 잔톱니가 나 있다. 꽃은 전년도 엽액에 1개 또는 2개가 잎보다 2~4월에 먼저 피고 연한 녹색으로 은은한 향기가 강하며 꽃잎은 도란형으로 연분홍색을 띤다. 꽃이 예뻐 가정에서는 관상수나 풍치수 용도로 심는다.

62 먼나무

- **학명** *Ilex rotunda* Thunb.
- **과명** 감탕나무과
- **형태** 상록활엽교목
- **꽃** 5월
- **열매** 10~이듬해 2월

먼나무_잎(앞면)

먼나무_수피

먼나무_잎(뒷면)

먼나무_암꽃   먼나무_수꽃   먼나무_열매

누군가 "저 나무는 먼나무냐?" 하고 물어봐서 이름이 먼나무가 되었다는 재미있는 이야기가 전해진다. 그러나 이 나무의 껍질이 먹물같이 검어서 붙여졌다는 이야기가 더 설득력이 있다.

생태적 특성

먼나무, 특이한 이름이다. 제주도 지역에 많이 자라는데, 누군가 이 나무를 보고 "저 나무는 먼나무냐?" 하고 물어봐서 나무 이름이 먼나무가 되었다는 재미있는 이야기가 전해진다. 그러나 이 나무의 껍질이 먹물같이 검어서 붙여졌다는 이야기가 더 설득력이 있다. 제주도에서는 먹물을 '먹낭'이라고 하는데, 먹낭이 '먼'으로 바뀐 것으로 생각된다.

상록활엽교목으로 높이는 10m 정도이고 수피는 회갈색이며 작은 가지는 능각이 있고 홍갈색이다. 잎은 어긋나고 혁질이며 타원형 및 긴 타원형으로 가장자리는 밋밋하고 뒷면 맥은 돌출되어 있다. 꽃은 암수딴그루로 새 가지에서 액생하는 취산화서에 몇 개씩 모여 달린다. 꽃잎은 도란상의 원형이며 5월에 황백색으로 핀다. 구형의 열매는 붉은색으로 10월부터 이듬해 2월에 익는다.

63 / 멀꿀

학명	*Stauntonia hexaphylla* (Thunb.) Decne.
과명	으름덩굴과
형태	상록활엽덩굴성 목본
꽃	5~6월
열매	10월

멀꿀_잎

멀꿀_수피

멀꿀_묘목

멀꿀_암꽃

멀꿀_수꽃

멀꿀_열매

멀꿀은 제주 방언에서 유래된 이름으로 열매의 속살 맛이 꿀과 같다고 하여 붙여진 것이다. 제주도에서는 멍꿀, 멍줄이라 부르며 완도에서는 먹나무, 멍나무라 부르기도 한다.

멀꿀_씨앗

생태적 특성

멀꿀은 제주 방언에서 유래된 이름으로 열매의 속살 맛이 꿀과 같다고 하여 붙여진 것이다. 제주도에서는 멍꿀, 멍줄이라 부르며 완도에서는 먹나무 또는 멍나무라 부르기도 한다.

상록활엽덩굴성 목본이며 길이는 15m 정도이고 1년생 줄기는 털이 없고 녹색이며 왼쪽으로 감아 올라가는 습성이 있다. 잎은 혁질로 장상복엽이고 소엽은 5~7장으로 이루어졌으며 두껍고 타원형이다. 꽃은 액생하는 총상화서에 달리는데, 연한 황백색 바탕에 안쪽에 적갈색 선이 있으며 5~6월에 핀다. 열매는 타원형의 장과로 적갈색으로 10월에 익으며 과육은 황색으로 달리는데 단맛이 난다. 종자는 검은색으로 열매에 100개 이상 들어 있다.

64 멍석딸기

- **학명** *Rubus parvifolius* L.
- **과명** 장미과
- **형태** 낙엽활엽덩굴성 관목
- **꽃** 5월
- **열매** 6~7월

멍석딸기_잎(앞면)

멍석딸기_새잎

멍석딸기_잎(뒷면)

멍석딸기_꽃

멍석딸기_열매

우리나라 산야에서 흔하게 볼 수 있는 딸기나무이다. 제주도에서는 멍석딸기를 콩탈이라고도 부르며 지방에 따라 멍딸기, 번둥딸나무, 멍두딸, 수리딸나무라고도 한다.

생태적 특성

제주도에서는 멍석딸기를 콩탈이라고도 부르며 지방에 따라 멍딸기, 번둥딸나무, 멍두딸, 수리딸나무라고도 한다.

낙엽활엽덩굴성 관목으로 산록 이하의 낮은 지대에서 잘 자란다. 높이가 30㎝ 정도로 옆으로 퍼지는데, 이렇게 퍼지는 줄기와 잎들이 마치 멍석처럼 펼쳐져 멍석이라는 이름을 붙인 모양이다.

줄기에 갈고리 모양의 작은 가시가 난다. 잎은 어긋나며 소엽이 3개로 이루어지는데, 어린잎은 5개인 것도 흔하다. 소엽은 거꾸로 세운 달걀 모양이거나 원형의 달걀 모양을 이룬다. 잎 뒷면에 흰 털이 밀생하며, 가장자리에는 톱니가 난다. 꽃은 5월에 분홍색으로 위를 향해 핀다. 꽃자루에도 가시가 있으며, 꽃잎은 5장으로 이루어져 있다. 열매는 6~7월에 붉은색으로 1.2~1.5㎝의 크기로 둥글게 익는데, 맛이 좋은 편에 속한다.

65 메타세쿼이아

- **학명** *Metasequoia glyptostroboides* Hu & W. C. Cheng
- **과명** 낙우송과
- **형태** 낙엽침엽교목
- **꽃** 4~5월
- **열매** 10~11월

메타세쿼이아_잎

메타세쿼이아_수피

메타세쿼이아_수형(가을)

메타세쿼이아_암꽃

메타세쿼이아_수꽃

메타세쿼이아_열매(미성숙)

세쿼이아는 세계 각국에서 화석으로 발견되었는데, 우리나라도 포항에서 화석이 발견되었다. 미국에서는 자생지 일대를 세쿼이아국립공원으로 선정해 보호하고 있다.

메타세쿼이아_열매(성숙)

생태적 특성

메타세쿼이아는 세계 각국에서 화석으로 발견되었는데, 중생대 백악기로부터 신생대 제3기 사이에 북반구에 널리 퍼져 무성하게 자라던 나무이다. 우리나라도 포항에서 화석이 발견되었다. 개체수가 적은 반면, 수령이 4,000~5,000년이나 되는 것이 있다. 하지만 메타세쿼이아와 세쿼이아는 다른 나무이다. 한자로는 수삼(水杉)이라고 하며 영어명은 Dawn Redwood이다.

낙엽침엽교목으로 높이는 35m이고 지름은 2m까지 큰다. 수피는 적갈색이며 얇고 세로로 갈라지고 길게 벗겨진다. 나무의 모양은 원추형이다. 잎은 선형으로 마주나며, 길이는 10~25mm, 너비는 1.5~2mm이다. 밑부분은 둥글며 끝이 뾰족하고 날개 모양으로 두 줄로 배열된다. 꽃은 양성화로 4~5월에 피는데, 수꽃은 작은 가지 끝에 이삭처럼 달리고, 암꽃은 작은 가지에 1개씩 달린다. 열매는 구형으로 아래로 처지고 씨는 도란형으로 날개가 있으며 10~11월경에 익는다.

66 / 모감주나무

학명 *Koelreuteria paniculata* Laxmann
과명 무환자나무과
형태 낙엽활엽소교목 또는 교목
꽃 6~7월
열매 9~10월

모감주나무_잎

모감주나무_수피

모감주나무_새순

모감주나무_꽃　　　모감주나무_열매(미성숙)　　　모감주나무_열매(성숙)

별명으로 염주나무라고도 한다. 꽈리 모양의 열매 안에 까맣고 단단한 씨가 들어 있는데 이 씨로 염주를 만들어 붙여진 것이다.

모감주나무_열매 속에 든 씨앗

생태적 특성

　모감주나무는 별명으로 염주나무라고도 한다. 꽈리 모양의 열매 안에 까맣고 단단한 씨가 들어 있는데 이 씨로 염주를 만들어 붙여진 것이다. 영어명은 Goldenrain Tree라고 이름을 붙였는데, 이 나무의 꽃 모양이 마치 황금 비가 내린 듯하다 하여 붙여진 것이다. 한자명은 보리수(菩提樹), 난수(欒樹)이다. 보리수라는 이름은 이 열매로 염주를 만들어서 붙여진 이름이다.

　낙엽활엽소교목 또는 교목으로 높이는 $10m$ 정도이고 잎은 어긋나며 7~15개 소엽으로 된 기수우상복엽으로 가장자리가 결각상으로 불규칙한 둔한 톱니가 있다. 꽃은 가지 끝에 달리며 원추화서를 이루며 노란색으로 6~7월에 핀다. 열매는 꽈리 같은 주머니 모양의 삭과로 9~10월에 익으며 씨는 둥글고 검은색으로 약간 광택이 난다.

67 모과나무

학명 *Chaenomeles sinensis* (Thouin) Koehne
과명 장미과
형태 낙엽활엽소교목 또는 교목
꽃 5월
열매 9~10월

모과나무_잎

모과나무_수피

모과나무_단풍잎

모과나무_암꽃

모과나무_수꽃

모과나무_어린 열매

지방기념물로 지정, 보호하고 있는 모과나무는 네 그루가 있다. 이 중 순창 강천사의 모과나무는 수령 300년으로 강천사의 스님이 심었다고 하는데, 아직도 꽃이 피고 열매가 열린다.

모과나무_열매(성숙)

생태적 특성

모과는 목과(木瓜)에서 유래된 이름으로 '나무에 열리는 참외'라는 뜻인데, 목의 받침 ㄱ이 탈락하여 모과가 되어버린 경우이다. 목과, 목계(木季) 등으로도 불린다.

낙엽활엽소교목 또는 교목으로 높이는 10m이고 지름 80㎝ 정도이다. 작은 가지는 가시가 없으며 어릴 때는 털이 있고, 수피는 붉은 갈색을 띠며 얼룩무늬가 있고 비늘 모양으로 벗겨진다. 줄기의 껍질이 매끄럽고 조각조각 떨어지며 줄기에 골이 지고 혹 같은 것이 만져지는 독특한 모양을 하고 있다. 잎은 어긋나고 타원상의 난형으로 양 끝이 좁으며 가장자리에는 뾰족한 잔톱니가 있는데 어린잎은 선형으로 뒷면에 털이 있다가 점차 없어진다. 꽃은 5월에 연한 붉은빛으로 가지 끝에 1개씩 달린다. 열매는 긴 타원형으로 목질화되었으며 9~10월에 익으면 녹색에서 노란색으로 변한다.

68 모란

- **학명** *Paeonia suffruticosa* Andrews
- **과명** 작약과
- **형태** 낙엽활엽관목
- **꽃** 5월
- **열매** 7~8월

모란_잎

모란_수피

모란_어린순

모란_꽃봉오리   모란_꽃

모란_열매(미성숙)   모란_열매(성숙)   모란_씨앗

부귀화(富貴花)라고 부르는데 이 꽃이 부귀와 풍요를 상징하기 때문이다. 예전에는 병풍에 모란을 많이 그렸는데, 이를 모란병(牡丹屛)이라 해서 집안에 경사스러운 일이 있을 때 병풍을 치곤 했다.

생태적 특성

낙엽활엽관목으로 높이는 1.5m 이상이고 밑에서 많은 줄기가 올라와 넓은 수형을 이루는데, 줄기의 지름이 15cm인 것도 있다. 잎은 2회 3출 복엽으로 길이 20~25cm이며 소엽은 넓은 난형으로 3~5개로 갈라지며 뒷면에는 잔털이 있고 흰빛을 띤다. 꽃은 양성화로 가지 끝에 달리며 꽃받침 잎은 5장으로 녹색이며 꽃잎은 5개로 자홍색 또는 흰색으로 5월에 핀다. 열매는 골돌로 긴 원형이며 황갈색 털이 밀생하고 7~8월에 익으며 종자는 구형으로 검은색이다. 뿌리는 굵고 희다. 어린 싹이 돋아날 때는 붉은빛을 띠며 잎과 동시에 꽃봉오리가 함께 자란다.

69 목련

- **학명** *Magnolia kobus* DC.
- **과명** 목련과
- **형태** 낙엽활엽교목
- **꽃** 3~4월
- **열매** 9~10월

목련_잎

목련_수피

목련_꽃봉오리

목련_꽃　　　목련_열매(미성숙)　　　목련_열매(성숙)

목련(木蓮)은 나무에 피는 연꽃이라 하여 붙여진 이름이다. 흔히 봄을 맞이하는 꽃이라 하여 영춘화(迎春花)라고 부르는데, 물푸레나무과의 영춘화하고는 다르다.

생태적 특성

목련은 종류가 매우 많다. 우리나라에는 목련과 함박꽃나무만이 자생한다. 그런데 우리가 흔히 볼 수 있는 목련은 중국이 원산지인 백목련이다. 우리나라의 자생 목련은 제주도 한라산에 자라며, 꽃잎 안쪽이 붉은색을 띠는 것이 특징이다. 꽃잎은 6장처럼 보이나 9장으로 향기가 매우 진하다.

낙엽활엽교목으로 높이는 10m이고 지름이 1m로 수피는 회백색이다. 수피가 조밀하게 갈라지고 작은 가지는 연한 녹색이다. 잎은 도란상의 타원형으로 잎자루에 흰색 털이 있다. 꽃은 잎보다 먼저 3~4월에 흰색으로 피지만 기부는 연한 홍색이다. 열매는 골돌과로 원추형이며 씨는 타원형으로 하얀 실 같은 것이 붙어 있는데 9~10월에 익는다.

70 목서

- **학명** *Osmanthus fragrans* Lour.
- **과명** 물푸레나무과
- **형태** 상록활엽소교목
- **꽃** 9~10월
- **열매** 이듬해 2~3월

목서(은목서)_잎

목서(은목서)_수피

목서(은목서)_잎차례

목서(은목서)_꽃과 줄기

목서(은목서)_꽃

목서(木犀)는 나무에 달린 잎이 코뿔소의 뿔처럼 생겼다고 해서 붙은 이름이다. 목서 종류로는 금목서, 은목서, 구골나무, 박달목서가 있다.

생태적 특성

목서(木犀)는 나무에 달린 잎이 코뿔소의 뿔처럼 생겼다고 해서 붙은 이름이다. 목서 종류로는 금목서, 은목서, 구골나무, 박달목서가 있다. 이 중 은목서는 꽃의 색깔이 은빛이 난다 하여 붙여진 이름이다. 그리고 금목서는 꽃과 껍질이 금빛을 띠는데, 보통 목서라고 하면 대개는 은목서를 말한다. 한자명은 은계(銀桂)라고도 한다.

상록활엽소교목으로 높이는 3m이고 수피는 갈색 또는 엷은 황회색이다. 잎은 혁질이며 가장자리에 톱니가 있다. 꽃은 3~5개가 엽액에 모여 달리고 꽃받침은 술잔 모양이며 흰색으로 9~10월에 핀다. 열매는 타원형의 핵과로 이듬해 2~3월에 익는다.

71 무궁화

- **학명** *Hibiscus syriacus* L.
- **과명** 아욱과
- **형태** 낙엽활엽관목 또는 소교목
- **꽃** 7~8월
- **열매** 10월

무궁화_잎

무궁화_수피

무궁화_꽃

무궁화_열매

무궁화_꼬투리

무궁화_씨앗

> 무궁화 꽃은 한 나무에 2,000~3,000송이가 약 100일간 피고 지고를 반복한다. 오늘 핀 꽃은 그날 저녁 시들고 내일은 다시 다른 꽃이 피는 것이다. 끊임없이 이어서 핀다고 해서 무궁화(無窮花)이다.

생태적 특성

무궁화 꽃은 한 나무에 2,000~3,000송이가 약 100일간 피고 지고를 반복한다. 놀라운 것은 무궁화 꽃이 단 하루만 피고 사라진다는 것이다. 오늘 핀 꽃은 그날 저녁 시들고 내일은 다시 다른 꽃이 피는 것이다. 그렇게 끊임없이 이어서 핀다고 해서 무궁화(無窮花)이다.

낙엽활엽관목 또는 소교목으로 높이는 2~4m이고 줄기는 밑에서 여러 개가 올라와 자라며 수피는 회색이다. 잎은 어긋나고 삼각상의 난형으로 가장자리가 크게 3갈래로 갈라지며 결각상 톱니가 있다. 꽃은 정단에 단생 또는 액생하고 한여름인 7~8월까지 계속해서 담자색으로 핀다.

72 무화과나무

- **학명** *Ficus carica* L.
- **과명** 뽕나무과
- **형태** 낙엽활엽관목 또는 소교목
- **꽃** 6~7월
- **열매** 8~10월

무화과나무_잎(앞면)

무화과나무_수피

무화과나무_잎(뒷면)

무화과나무_잎차례

무화과나무_열매

무화과나무_겨울눈

고대 로마에서는 바쿠스라는 주신(酒神)이 무화과나무에 열매가 많이 달리는 방법을 가르쳐 주었다고 하며, 그런 까닭에 다산의 상징으로 통한다. 꽃말은 다산이다.

생태적 특성

무화과(無花果)란 꽃이 없는 과일이란 뜻인데, 꽃이 필 때 꽃받침과 꽃자루가 긴 타원형의 주머니처럼 비대해지면서 작은 꽃들이 씨방 속으로 들어가 버리고 꼭대기만 조금 열려 있어서 꽃을 잘 볼 수 없어 붙여진 것이다.

낙엽활엽관목 또는 소교목으로 자라며 높이는 2~7m이다. 수피는 회백색에서 점차 회갈색으로 변하며 가지를 많이 친다. 잎은 어긋나며 두껍고 손바닥 모양으로 3~5개로 깊게 갈라지는데, 표면은 거칠고 뒷면은 잔털이 나 있으며 5개의 맥이 뚜렷하다. 꽃은 엽액에 은두화서로 달리는데 화탁(花托) 내에 작은 꽃들이 많이 형성되어 수꽃은 상부에, 암꽃은 하부에 달리며 6~7월에 핀다. 화탁이란 줄기에 꽃잎, 꽃받침 등 꽃의 모든 기관이 붙는 부위를 뜻한다. 열매는 은화과로 도란형이고 육질상으로 8~10월에 흑자색 또는 황록색으로 익는다.

73 물오리나무

- **학명** *Alnus sibirica* Fisch. ex Turcz.
- **과명** 자작나무과
- **형태** 낙엽활엽교목
- **꽃** 4월
- **열매** 10월

물오리나무_잎

물오리나무_암꽃

물오리나무_수꽃

물오리나무_열매

물오리나무_수피

오리나무는 종류가 상당히 많은데, 그중에서 물오리나무는 산지에서 자라기 때문에 흔히 산오리나무로도 불린다.

생태적 특성

오리나무는 그 종류가 상당히 많은데, 그중에서 물오리나무는 가장 흔한 수종으로 잎이 둥글며 잎 가장자리에 이중의 톱니를 갖고 있는 것이 특징이다.

낙엽활엽교목으로 높이는 20m이고 지름이 60cm로 줄기가 곧아 수형은 원추형이다. 수피는 회갈색으로 평활하다. 잎은 넓은 난형으로 겹톱니가 있으며 5~8개로 얕게 갈라지는데 잎의 표면은 회백색이다. 수꽃은 2~4개가 가지 선단에 달리며, 암꽃은 수꽃 밑에 3~5개씩 모여 달리고 4월에 꽃이 핀다. 과수(果穗 : 이삭처럼 자잘한 열매가 달린 모양)는 타원형이며 좁은 날개가 있는 소견과로 흑갈색으로 10월에 익는다.

74 / 물푸레나무

학명 *Fraxinus rhynchophylla* Hance
과명 물푸레나무과
형태 낙엽활엽교목
꽃 5월
열매 9월

물푸레나무_잎

물푸레나무_수피

물푸레나무_어린 수피

물푸레나무_꽃봉오리　　물푸레나무_꽃　　물푸레나무_열매

우리나라에 유명한 물푸레나무가 몇 그루 있다. 경기도 파주시 무건리의 물푸레나무와 화성의 전곡리 물푸레나무는 각각 천연기념물로 지정되어 보호를 받고 있다.

생태적 특성

가지를 꺾어 물에 넣으면 가지에서 푸른 물이 우러나와 물이 푸르게 된다는 데에서 물푸레나무라고 한다. 쉬청나무, 떡물푸레나무, 광능물푸레나무, 민물푸레나무, 광릉물푸레 등으로도 불리며, 한자명은 목창목(木倉木)이다.

낙엽활엽교목으로 높이는 10m 정도이다. 줄기에 불규칙한 연한 갈회색 얼룩무늬가 가로로 있으며 작은 가지는 회갈색이다. 잎은 마주나며 3~7개의 소엽으로 된 기수우상복엽이고, 소엽은 난형 및 넓은 난형으로 가장자리는 밋밋하거나 파상의 톱니가 있다. 꽃은 대부분 암수딴그루이나 간혹 암수한그루인 잡성도 있다. 꽃은 새 가지에서 액생하는 원추화서에 달리며 수꽃은 2개의 수술이 있고 암꽃은 2~4개의 꽃잎과 수술 및 암술이 있으며 5월에 핀다. 열매는 피침형의 시과로 9월에 갈색으로 익는다.

75 미루나무

- **학명** *Populus deltoides* Marsh.
- **과명** 버드나무과
- **형태** 낙엽활엽교목
- **꽃** 3~4월
- **열매** 5월

미루나무_잎

미루나무_씨앗　　　　　　　　미루나무_수피

'미국에서 들여온 버들'이라는 뜻으로 미류(美柳)라고 부르던 것이 '미루'로 되었다. 양버들과 함께 포플러로 불리면서 20세기 초부터 우리나라 각지에 심어진 나무이다.

생태적 특성

미루나무는 '미국에서 들여온 버들'이라는 뜻으로 미류(美柳)라고 부르던 것이 '미루'로 되었다. 흔히 포플러라고도 하지만 포플러는 미루나무와 양버들과의 잡종이며, 병충해로 인해 잎이 빨리 떨어지는 단점을 개선한 개량 나무이다. 양버들과 함께 포플러로 불리면서 20세기 초부터 우리나라 각지에 심어졌다.

낙엽활엽교목으로 높이는 30m 정도이고 지름이 1m이다. 수피는 차츰 세로로 터지면서 흑갈색으로 된다. 잎은 난상의 삼각형 및 넓은 난형으로 잎 가장자리에 안으로 굽은 톱니가 있다. 암수딴그루로 수꽃은 40~60개의 수술이 달리고 암꽃의 암술은 3~4개로 3~4월에 핀다. 열매는 3~4개로 갈라지며 5월에 익는데 씨는 솜털에 싸여 있다.

미루나무 특징 중 하나는 개화기와 결실기가 짧은 것인데, 3~4월에 꽃이 피고 곧바로 5월에 열매가 익는다.

76 박달나무

- **학명** *Betula schmidtii* Regel
- **과명** 자작나무과
- **형태** 낙엽활엽교목
- **꽃** 5~6월
- **열매** 9~10월

박달나무_잎

박달나무_수피　　박달나무_줄기　　박달나무_열매

나무가 워낙 단단하여 '도깨비를 박살내는 나무'라는 뜻으로 박살나무라고 부르다가 박달나무로 바뀌었다는 유래가 있다.

생태적 특성

박달나무는 나무가 워낙 단단하여 '도깨비를 박살내는 나무'라는 뜻으로 박살나무라고 부르다가 박달나무로 바뀌었다는 유래가 있다. 단목(檀木), 박달목(朴達木) 등으로도 불린다.

낙엽활엽교목으로 높이는 30m이고 지름이 1m로 수피는 흑회색이다. 작은 가지는 털이 있고 가로로 된 줄무늬가 있으며 흰색의 점이 있다. 꽃은 5~6월에 핀다. 열매는 타원형으로 위를 향한 상태로 열리고 날개가 거의 없으며 9~10월에 익는다.

옛날에는 수레바퀴를 박달나무로 만들어 썼으며, 껍질로는 질 좋은 종이를 만들었다. 또 쓰임새가 워낙 많아 활목판본, 윷가락, 팽이, 북채, 다듬이방망이, 수레바퀴, 참빗, 곤봉 등의 생활도구를 만들었다. 어릴 때 갖고 놀던 나무팽이 중 으뜸은 바로 박달나무로 만든 것인데, 다른 팽이와 부딪칠 때 최고였다.

77 박달목서

- **학명** *Osmanthus insularis* Koidz.
- **과명** 물푸레나무과
- **형태** 낙엽활엽소교목
- **꽃** 11~12월
- **열매** 이듬해 5월

박달목서_잎

박달목서_수피

박달목서_잎차례

박달목서_꽃

박달목서_열매(미성숙)

박달목서_열매(성숙)

거문도와 제주도에만 서식한다. 박달나무처럼 단단하고 잎 가장자리에 가시가 있어 박달목서라는 이름을 얻었다.

생태적 특성

거문도와 제주도에만 서식한다. 박달나무처럼 단단하고 잎 가장자리에 가시가 있어 박달목서라는 이름을 얻었다. 거문도에 서식하는 것들은 그나마 형편이 낫지만 제주도의 박달목서는 멸종위기에 몰려 있다. 서귀포의 범섬에 한 그루, 한경면 용수리에 세 그루가 서식하는데, 모두 수나무라서 더 이상 번식하기 어려운 처지에 놓여 있다.

상록활엽교목으로 높이는 15m에 이른다. 가지는 회색이며, 작은 가지는 다소 편평한 편이다. 마주나는 잎은 긴 타원형 또는 달걀 모양이며, 길이는 7~12cm이다. 잎 가장자리는 밋밋하나 어린 가지에서는 다소 톱니가 있다. 꽃은 11~12월에 잎겨드랑이에 흰색으로 모여 달리며, 꽃잎은 십자가 또는 네잎클로버 모양이다. 꽃은 작지만 향기는 짙은 편이다. 열매는 이듬해 5월에 검은색으로 익는다. 열매의 길이는 1.5~2.5cm이다.

78 박쥐나무

- **학명** *Alangium platanifolium* var. *trilobum* (Miq.) Ohw
- **과명** 박쥐나무과
- **형태** 낙엽활엽관목
- **꽃** 5~7월
- **열매** 9월

박쥐나무_새잎

박쥐나무_수피

박쥐나무_잎(뒷면)

박쥐나무_꽃봉오리

박쥐나무_꽃

박쥐나무_열매

경상도에서는 셔츠의 깃과 비슷하다고 해서 남방잎이라고도 부른다. 옛날 선비들이 은거하거나 유배생활을 하던 곳에 많이 심어진 것으로 보아 소외와 은둔의 나무라 할 만하다.

생태적 특성

박쥐나무라는 이름은 넓고 큰 잎 모양이 박쥐가 날개를 편 것 같아 붙여진 이름이다. 경상도에서는 셔츠의 깃과 비슷하다고 해서 남방잎이라고도 부른다. 누른대나무, 털박쥐나무, 과목(瓜木), 팔각풍(八角楓)이라고도 한다. 옛날 선비들이 은거하거나 유배생활을 하던 곳에 많이 심어진 것으로 보아 소외와 은둔의 나무라 할 만하다.

낙엽활엽관목으로 높이는 3~4m 정도이다. 줄기는 밑에서 여러 개가 올라와 수형을 만들며 수피는 심회색으로 수피가 벗겨진다. 잎은 어긋나며 사각상 원형으로 길이와 너비가 각각 8~18cm이며 윗부분이 3~5개로 얕게 갈라지고 양면에 짧은 털이 있다. 꽃은 1~4개씩 액생하는 취산화서로 달리며 8개의 꽃잎은 선형으로 뒤로 말린다. 꽃은 5~7월에 피는데 꽃잎이 용수철처럼 말린 모습이 매우 독특하다. 열매는 핵과로 난상 원형이고 9월에 짙은 흰색으로 익는다.

79 박태기나무

- **학명** *Cercis chinensis* Bunge
- **과명** 콩과
- **형태** 낙엽활엽관목 또는 소교목
- **꽃** 4월
- **열매** 9~10월

박태기나무_잎

박태기나무_수피

박태기나무_잎차례

박태기나무_꽃봉오리　　박태기나무_꽃　　박태기나무_열매

밥알을 튀겨서 붙여놓은 것처럼 줄기에 다닥다닥 붙어 있어서 밥튀기라고 부르다가 박태기로 바뀐 것이니 정겨운 나무로 볼 수 있다.

생태적 특성

마치 사람 이름 같지만 유래를 보면 밥알을 튀겨서 붙여놓은 것처럼 줄기에 다닥다닥 붙어 있어서 밥튀기라고 부르다가 박태기로 바뀐 것이니 정겨운 나무로 볼 수 있다. 소방목, 밥태기꽃나무, 구슬꽃나무라고도 한다. 또 한자명은 소방목(蘇方木), 만조홍(滿條紅), 자형(紫荊) 등이다.

낙엽활엽관목 또는 소교목으로 높이는 $3{\sim}5m$ 정도이고 수피는 회갈색이다. 작은 가지에는 피목이 많고 골 속은 사각상이다. 잎은 한 장씩 심장 모양으로 어긋나게 달린다. 꽃은 적게는 7~8개, 많게는 20~30개씩 모여 달리며 자홍색으로 4월에 잎보다 먼저 핀다. 열매는 콩깍지 모양의 협과로 9~10월에 익는다. 종자는 편평한 타원형으로 황록색이다.

80 밤나무

- **학명** *Castanea crenata* Siebold & Zucc.
- **과명** 참나무과
- **형태** 낙엽활엽교목
- **꽃** 5~6월
- **열매** 9~10월

밤나무_잎

밤나무_수피

밤나무_열매(성숙)

밤나무_암꽃　　　　　밤나무_수꽃　　　밤나무_열매(미성숙)

우리네 생활과 밀접한 나무로 대추, 감과 함께 3대 과실수 중 하나다. 특히 관혼상제에는 꼭 등장하며, 혼례 때 폐백에서 자식을 많이 낳으라는 의미로도 쓰인다.

생태적 특성

낙엽활엽교목으로 높이 15m 이상, 지름 1m까지 자라는데 수피는 세로로 갈라지고 작은 가지는 자줏빛이 도는 적갈색이며 털이 났다가 없어진다. 잎은 어긋나고 측지에는 두 줄로 배열되며 가장자리는 침 같은 톱니가 있고 측맥은 17~25쌍이다. 수꽃은 직립으로 피고 암꽃은 수꽃 밑에 대개 3개씩 모여 달리며 가시 같은 총포로 싸이고 5~6월에 핀다. 견과는 가시 같은 총포 안에 1~3개가 들어 있는데 9~10월에 익는다. 열매가 밑부분 전부를 차지하며 윗부분에는 흰색 털이 나 있다.

밤송이는 특이하게 가시를 잔뜩 달고 있는데 이는 외부의 적으로부터 자기를 보호하기 위한 장치로 살아가기 위한 생존 전략이기도 하다. 이 밤송이 안에 밤이 1~3개가 들어 있다.

81 배나무

- **학명** *Pyrus pyrifolia* var. *culta* (Makino) Nakai
- **과명** 장미과
- **형태** 낙엽활엽교목
- **꽃** 4월
- **열매** 9~10월

배나무_잎

배나무_수피

배나무_꽃봉오리

배나무_꽃

배나무_어린 열매

배나무_열매

> 옛사람들은 배를 과일의 으뜸이라는 뜻으로 과종(果宗)이라 부르며, 꿀의 아버지라 하여 밀부(蜜父)라 부르기도 하였다.

생태적 특성

옛사람들은 배를 과일의 으뜸이라는 뜻으로 과종(果宗)이라 부르며, 꿀의 아버지라 하여 밀부(蜜父)라 부르기도 하였다. 배를 뜻하는 한자 이(梨)는 이로울 이(利)와 나무 목(木)이 합쳐진 글자이다. 배나무 열매인 배는 막힘이 없이 밑으로 잘 내려가는 성질이 있는데, 배에 병이 났을 때 먹는 과일이라는 뜻으로 배나무라 했다고 알려져 있다. 쾌과(快果)라고도 하는데 이는 상쾌한 과일이라는 뜻이다.

낙엽활엽교목으로 높이는 5~10m 정도이고 줄기는 곧게 자란다. 줄기껍질은 붉은빛이 도는 회갈색이다. 잎은 타원형으로 어긋나며 잎자루가 길고 끝이 꼬리처럼 뾰족하다. 꽃은 4월에 5장으로 둥글고 가늘며 긴 꽃술이 사방으로 갈라져 나온다. 열매는 9~10월에 둥글고 황금색으로 익는데 열매 속살에는 석세포가 뭉쳐 있다.

82 / 배롱나무

- **학명** *Lagerstroemia indica* L.
- **과명** 부처꽃과
- **형태** 낙엽활엽소교목
- **꽃** 7~9월
- **열매** 10월

배롱나무_잎

배롱나무_수피

배롱나무_새잎

배롱나무_꽃(흰색)

배롱나무_꽃(진분홍색)

배롱나무_열매(미성숙)

초본식물에도 백일홍이 있는데, 보통 백일홍 하면 초본을 가리키므로 목백일홍이라고 한다. 하나의 꽃이 지면 다른 꽃이 피어서 전체적으로 꽃이 100일 동안이나 피어 붙여진 이름이다.

배롱나무_열매(성숙)

생태적 특성

꽃이 100일을 간다고 해서 백일홍(百日紅)이라고도 한다. 초본식물에도 백일홍이 있는데, 보통 백일홍 하면 초본을 가리키므로 목백일홍이라고 한다. 배롱나무라는 이름은 백일홍에서 유래한 것으로 생각된다. 꽃이 100일간이나 간다고는 하지만 하나의 꽃이 지면 다른 꽃이 피어서 전체적으로 꽃이 100일 동안이나 피어 붙여진 이름이다. 간질이듯 줄기를 긁으면 나뭇가지가 움직여서 흰색간질나무라고도 하며, 충청도 일부 지방에서는 간지럼을 잘 타는 나무라 하여 간지럼나무라고 부른다.

낙엽활엽소교목으로 높이는 5m 정도이고 수피는 갈색 또는 연한 홍자색이다. 껍질이 벗겨진 자리는 흰색 또는 황색색으로 반질거리고 잔가지는 네모져 있다. 잎은 두껍고 마주나며 타원형 및 도란형이고 뒷면에는 맥을 따라 털이 있다. 꽃은 가지 끝에 원추화서로 달리며 홍색 또는 흰색으로 7~9월에 핀다. 열매는 삭과로 넓은 피침형으로 갈색으로 10월에 익는다.

83 백량금

- **학명** *Ardisia crenata* Sims
- **과명** 자금우과
- **형태** 상록활엽소관목
- **꽃** 5~6월
- **열매** 9~이듬해 2월

백량금_잎

백량금_수피

백량금_씨앗

백량금_꽃 　　　　　　　　　　　　　　　　백량금_열매

백량금이라는 이름은 빨갛게 익은 열매가 백만 냥의 값어치가 있을 만큼 아름답다고 해서 붙여졌다고 한다. 한방에서는 전체 또는 잎을 찧어 상처 난 곳에 바른다.

생태적 특성

백량금이라는 이름은 빨갛게 익은 열매가 백만 냥의 값어치가 있을 만큼 아름답다고 해서 붙여졌다고 한다. 왕백량금, 탱자아재비, 큰백량금, 선꽃나무, 그늘백량금 등으로도 불린다.

상록활엽소관목으로 높이는 $1m$ 정도이고 줄기에 털이 없다. 뿌리는 3~4개의 굵은 뿌리가 덩이뿌리 모양으로 생긴다. 잎은 어긋나며 타원형 및 피침형으로 톱니 사이에 검은색 선점이 있다. 꽃은 양성화로 줄기 끝에 산형 또는 복산형화서를 이루며 화관은 5갈래로 갈라지고 열편은 난형이며 담홍색으로 뒤로 젖혀지고 5~6월에 핀다. 열매는 붉은색의 장과로 9월에 익는데, 이듬해 2월까지 떨어지지 않고 달려 있다. 실내에서는 종자가 맺힌 채로 발아되기도 하며 9~10월까지 달려 있다.

84 백목련

- 학명 *Magnolia denudata* Desr.
- 과명 목련과
- 형태 낙엽활엽교목
- 꽃 4~5월
- 열매 9~10월

백목련_잎

백목련_수피

백목련_꽃봉오리

백목련_꽃

백목련_열매(미성숙)

백목련_열매(성숙)

이른 봄에 흰 꽃이 커다랗게 피어 매우 화려한데 겨울에 매달려 있는 붓끝처럼 생긴 큰 겨울눈은 관상적 가치를 갖고 있다.

생태적 특성

이른 봄에 흰 꽃이 커다랗게 피는 백목련은 매우 화려한데 겨울에 매달려 있는 붓끝처럼 생긴 큰 겨울눈은 관상적 가치를 갖고 있다. 꽃 색깔은 목련과 비슷하지만 꽃잎이 작고 완전히 벌어지는 목련과 구분하기 위해 백목련이라 부르게 되었다. 우리나라 자생 목련은 꽃잎 안쪽이 붉은기가 돈다. 옥란, 백옥란, 목필이라고도 한다.

낙엽활엽교목으로 높이는 15m이고 지름이 60cm이다. 수관은 둥글고 수피는 심회백색이며 작은 가지는 회갈색이다. 잎은 도란형 및 도란상의 타원형으로 어긋나며 표면은 맥 위에 털이 있고 뒷면은 연한 녹색이며 잎줄에 털이 약간 있다. 꽃은 잎보다 먼저 나오고 흰빛으로 4~5월에 가지 끝에 피는데 향기가 짙다. 열매는 홍갈색 원추형의 골돌과로 실편은 목질이며 종자는 난형으로 9~10월에 익는다.

85 버드나무

학명 *Salix koreensis* Andersson
과명 버드나무과
형태 낙엽활엽교목
꽃 4월
열매 5월

버드나무_잎

버드나무_수피

버드나무_열매

버드나무_암꽃   버드나무_수꽃

버드나무 하면 우리나라 토종 나무로 많은 이야기가 숨어 있다. 흔히 칫솔질을 하는 것을 양치질이라고 하는데, 이는 옛날에 버드나무 가지인 양지(楊枝)에서 유래한 것이다.

생태적 특성

강가에 가면 버드나무가 가지를 축축 늘어뜨리고 서 있는 풍경을 쉽게 보게 된다. 워낙 물가를 좋아하는 나무라서 햇빛이 잘 드는 강가에는 늘 그렇게 버드나무가 줄지어 서 있다. 시원한 그늘도 만들어 주고 뿌리가 얽히고설켜 강둑을 보호해 주기도 하니 일석이조이다.

버드나무 하면 우리나라 토종 나무로 많은 이야기가 숨어 있다. 흔히 칫솔질을 하는 것을 양치질이라고 하는데, 이는 옛날에 버드나무 가지인 양지(楊枝)에서 유래한 것이다.

낙엽활엽교목으로 높이는 20m이고 지름이 80cm로 수피는 암갈색이다. 잎은 피침형인데 어긋나고 앞면은 녹색으로 털이 없으며 뒷면은 흰빛을 띤다. 암수딴그루이며 수꽃은 타원형으로 털이 있고 암꽃의 포는 난형이며 녹색으로 털이 있다. 꽃은 4월에 잎과 함께 핀다. 난형의 열매는 5월에 익는다.

86 벚나무

- **학명** *Prunus serrulata* var. *spontanea* (Maxim.) E. H. Wilson
- **과명** 장미과
- **형태** 낙엽활엽교목
- **꽃** 4~5월
- **열매** 6~7월

벚나무_잎

벚나무_수피

벚나무_단풍

벚나무_꽃　　　　　벚나무_열매　　　벚나무_씨앗

꽃잎은 4~5월에 피어 있다가 바람이 부는 봄, 마치 흰 눈이 내리듯 후드득 떨어져 내린다. 열매는 버찌라 하여 생으로 따 먹는다.

생태적 특성

　벚나무 이름의 유래는 미상이나 벚나무의 열매 버찌를 줄여서 부른 데에서 비롯된 것으로 추정된다. 산벚나무, 참벚나무 등으로도 불리며 한자로는 산앵화(山櫻花)라고도 한다.

　낙엽활엽교목으로 높이는 10~20m이고 수피는 암자색이다. 꽃은 2~3개가 산방상 총상 및 산형상으로 달리며 연분홍이나 흰빛으로 핀다. 꽃잎은 도란형이며 끝부분이 凹형으로 4~5월에 피어 있다가 바람이 부는 봄, 마치 흰 눈이 내리듯 후드득 떨어져 내린다. 열매는 둥글며 6~7월에 흑자색으로 익는데 버찌라 하여 생으로 따 먹는다. 열매를 이용하기 위한 원예품종이 많이 개발되고 있다. 나무껍질이 암자색을 띠며 매우 반질거리고 피목(皮目)이 가로로 줄을 그은 듯 죽죽 나 있다.

87 벽오동

- **학명** *Firmiana simplex* (L.) W. F. Wight
- **과명** 벽오동과
- **형태** 낙엽활엽교목
- **꽃** 6~7월
- **열매** 10월

벽오동_잎

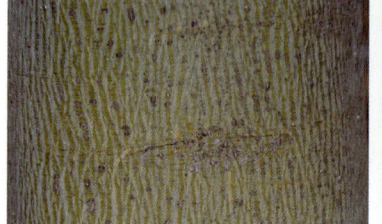
벽오동_수피

벽오동_잎줄기

벽오동_꽃   벽오동_열매

오동나무 하면 예로부터 신비의 나무로 봉황이 둥지를 튼다고 알려져 있는데, 봉황이 나타나면 천하가 태평하다고 믿었기 때문에 사람들은 벽오동을 심곤 했다.

생태적 특성

봉황이 나타나면 천하가 태평하다고 믿었기 때문에 사람들은 벽오동을 심곤 했다. 특이하게도 영어명으로는 Phoenix Tree라고 하는데, 이집트 신화에 나오는 불사조이니 봉황새와 어느 정도 의미가 상통한다. 또 다른 이름으로는 청오동나무, 청동(靑桐), 동마수(桐麻樹), 오동자(梧桐子)라고도 하며, 잎이 커서 Chinese Parasol Tree(중국 파라솔나무)라는 다른 영어명도 있다.

낙엽활엽교목으로 높이는 15m 정도이고 지름은 50cm이다. 줄기의 수피는 벽색이며 작은 가지는 녹색이다. 줄기에도 엽록소가 있어서 광합성 작용을 한다.

잎은 장상으로 3개로 갈라지며 꽃은 원추화서로 달리며 꽃잎은 없고 6~7월에 황백색으로 핀다. 열매는 꼬투리 모양의 삭과로 5갈래로 보트 모양으로 갈라지며 10월에 익는데 과피의 가장자리에 2~4개의 씨가 달린다.

88 병꽃나무

- **학명** *Weigela subsessilis* (Nakai) L. H. Bailey
- **과명** 인동과
- **형태** 낙엽활엽관목
- **꽃** 4~5월
- **열매** 9~10월

병꽃나무_잎

병꽃나무_수피

병꽃나무_꽃

병꽃나무_열매(미성숙)

병꽃나무_겨울눈

우리나라 특산종 중에는 희귀식물도 많지만 어디서나 잘 자라는 흔한 식물도 많다. 병꽃나무도 우리나라 특산종으로 세계에서 우리나라에만 자생한다.

생태적 특성

낙엽활엽관목으로 높이는 3m 정도이다. 연한 잿빛을 띠는 줄기에 얼룩무늬가 있는 점이 독특하다. 잎은 마주나고 잎자루는 거의 없다. 잎의 모양은 달걀을 거꾸로 세운 모양의 타원형 또는 넓은 달걀 모양으로 끝이 뾰족하다. 잎 양면에 털이 있고 뒷면 맥 위에는 퍼진 털이 있다. 잎 가장자리에는 작은 톱니가 난다.

꽃은 4~5월에 노랗게 피며 점점 붉어진다. 잎겨드랑이에 한두 개씩 달리는데, 꽃의 모양이 병처럼 생겨서 병꽃나무라는 이름을 얻었다. 꽃받침은 5개로 갈라지며 털이 나 있다. 열매는 바나나처럼 길게 구부러지며 길이는 1~1.5cm로서 9~10월에 성숙하여 2개로 갈라지고 종자에 날개가 있다.

89 보리수나무

- **학명** *Elaeagnus umbellata* Thunb.
- **과명** 보리수나무과
- **형태** 낙엽활엽관목
- **꽃** 5~6월
- **열매** 9~10월

보리수나무_잎

보리수나무_수피

보리수나무_꽃　　　　　　　　　　보리수나무_열매

열매 모양이 보리와 비슷하다고 해서 붙여진 이름이다. 열매가 달리는 모양을 보고 못자리를 내거나 보리 수확량을 점쳤으며, 팥 모양 같기도 하여 팥의 수확량을 점치곤 했다.

생태적 특성

열매가 달리는 모양을 보고 못자리를 내거나 보리 수확량을 점쳤으며, 팥 모양 같기도 하여 팥의 수확량을 점치곤 했다. 지방에 따라 부르는 이름이 다양해 볼네나무(제주도), 보리장나무(전남), 보리화주나무, 보리똥나무(경상도), 산보리수나무 등이 있다.

낙엽활엽관목으로 해발 1,200m 이하의 산과 들에서 자생한다. 높이는 3~4m 정도이고 가지에는 가시가 있고 작은 가지는 은백색 또는 갈색이다. 잎은 어긋나며 타원형 및 난상의 긴 타원형이고 뒷면에 은백색 비늘털이 밀생하며 잎자루는 흰색이다.

암수딴그루로 꽃은 새 가지 엽액에서 1~7개가 산형화서로 달리는데, 흰색에서 황색으로 변하며 5~6월에 핀다. 열매는 둥근 장과로 은백색의 비늘털로 덮여 있으며 9~10월에 붉은색으로 익는다.

90 복분자딸기

- **학명** *Rubus coreanus* Miq.
- **과명** 장미과
- **형태** 낙엽활엽관목
- **꽃** 5~6월
- **열매** 7~8월

복분자딸기_잎

복분자딸기_수피

복분자딸기_꽃봉오리

복분자딸기_꽃   복분자딸기_열매

고창 복분자주는 지역특산물로 이름 높다. 주민들이 선운산에 자생하던 야생 복분자딸기를 밭에 옮겨 심은 뒤 열매를 따 술을 담가 먹으면서 알려졌다.

생태적 특성

낙엽활엽관목으로 높이는 3m 정도로 줄기는 아래로 뻗는다. 작은 가지는 적갈색이고 백분으로 덮여 있다. 잎끝은 뾰족하고 큰 잎자루에는 가시가 있다. 잎은 우상복엽으로 어긋나고 소엽은 난형 및 타원형이다. 꽃은 5~6월에 가지 끝에 산방화서에 달리는데 연한 붉은빛으로 핀다. 열매는 난형의 취과로 7~8월에 붉은색에서 흑색으로 익는다.

우리나라와 중국에 분포한다. 일본에서도 재배는 하나 공식적인 약재로는 우리나라와 중국에서만 취급한다. 우리나라에서는 황해도 이남의 해발 50~1,000m 사이의 계곡과 산기슭에 자란다. 건조하거나 습한 조건에 관계없이 햇빛이 잘 드는 곳에서는 잘 자라는데 주로 산기슭, 폐경지, 화전지 주변 등의 양지에서 잘 자란다.

91 복사나무

학명 *Prunus persica* (L.) Batsch
과명 장미과
형태 낙엽활엽소교목
꽃 4~5월
열매 8~9월

복사나무_잎

복사나무_수피

복사나무_꽃

복사나무_어린 열매　　　　　복사나무_열매

복사꽃이 아름답게 피는 시절을 도요시절(桃夭時節)이라고 하는데, 처녀가 시집가기에 알맞은 '꽃다운 시절'이라는 뜻이다. 봄날 여성의 마음을 흔들기에 충분하다.

생태적 특성

복사나무의 한자명은 도(桃), 도화수(桃花樹), 선과수(仙果樹) 등이다. 여기에서 도(桃) 자는 나무 목(木)과 조짐 조(兆)를 합친 글자로, 복숭아를 반으로 쪼개 갈라짐을 보고 점을 친 데에서 유래한다.

낙엽활엽소교목으로 높이는 6m 정도이다. 잎은 어긋나고 피침형이며 가장자리에 둔한 잔톱니가 있다. 꽃은 1개씩 잎보다 먼저 연분홍색으로 핀다. 열매는 핵과로 털이 많으며 난상의 원형으로 8~9월에 등황색으로 익는다.

열매의 가장 안쪽에 있는 씨를 도인(桃仁)이라 하고 열매는 도실(桃實) 즉 복숭아라고 한다. 우리 몸에도 복숭아 열매와 관련된 이름이 있다. 발목에 복사뼈는 모양이 복숭아를 닮아 붙인 이름이며, 목젖의 편도는 복숭아의 한 종류인 편도를 닮아 붙인 것이다. 편도 열매는 복숭아 비슷한데 익으면 터져서 속에 든 열매를 먹는다.

92 복자기

- **학명** *Acer triflorum* Kom.
- **과명** 단풍나무과
- **형태** 낙엽활엽교목
- **꽃** 4~5월
- **열매** 9~10월

복자기_잎

복자기_수피

복자기_겨울눈

복자기_암꽃　　　　　　복자기_수꽃　　　　　　복자기_열매

가을에 드는 단풍 중에서도 가장 으뜸이라고 할 만한 것이 바로 복자기이다. 색이 곱고 붉은빛이 돌아 단풍 빛이 으뜸으로 가히 '단풍의 왕자'라고 할 만하다.

생태적 특성

가을에 드는 단풍 중에서도 가장 색이 곱고 붉은빛이 돌아 단풍 빛이 으뜸으로 가히 '단풍의 왕자'라고 할 만하다. 나도박달이라고도 부르며 가슬박달, 산참대, 개박달나무라고도 한다. 수피에서 타닌을 채취하여 염색에 이용하여 색수(色樹)라고도 한다.

낙엽활엽교목으로 높이는 10m 정도이고 수피는 황갈색이며 작은 가지는 붉은색이 돈다. 잎은 마주나고 3개의 소엽으로 된 복엽이며 소엽은 긴 난형 및 타원상의 피침형이다. 잎의 가장자리에 털과 함께 2~4개의 큰 톱니가 있고, 뒷면 맥 위에 흰빛의 억센 털이 있다. 보통 암수딴그루이나 간혹 암수한그루로 가지 끝의 산방화서에 3개가 달리며 4~5월에 핀다. 열매는 회백색의 시과로 날개는 예각 또는 둔각으로 나란히 벌어지고 9~10월에 익는다.

93 분꽃나무

학명 *Viburnum carlesii* Hemsl.
과명 인동과
형태 낙엽활엽관목
꽃 4~5월
열매 10~11월

분꽃나무_잎

분꽃나무_수피

분꽃나무_잎차례

분꽃나무_꽃

분꽃나무_어린 열매

분꽃나무_열매(미성숙)

잎과 꽃이 분꽃가루를 바른 것처럼 부드럽고, 꽃향기가 여인들의 분 향기와 비슷하다고 해서 붙여진 이름인 듯하다. 분꽃나무의 향을 맡으면 여인의 향기가 느껴진다.

분꽃나무_열매(성숙)

생태적 특성

꽃부리 바깥은 붉고 안쪽은 흰 것이 분꽃을 닮았다고 하여 분꽃나무라고 하며, 한자로 분화목(粉花木)이라고 한다. 향을 맡으면 여인의 향기가 느껴진다고 하여 여자화(女子花)라고도 한다.

낙엽활엽관목으로 높이는 2m이다. 새로 난 가지는 붉은 녹색이었다가 점차 붉은 갈색으로 바뀌며 나중에는 회갈색으로 된다. 작은 가지와 겨울눈에는 털이 빽빽이 난다. 잎은 마주나고 달걀 모양 또는 원형이다. 잎의 길이는 3~10cm이고 양면에 별 모양으로 갈라진 털이 나며 뒷면에는 털이 빽빽하다. 잎의 가장자리에는 불규칙한 톱니가 있다. 꽃은 4~5월에 잎과 동시에 피며, 연분홍색으로 취산꽃차례를 이룬다. 꽃은 지름 1~1.4cm로 향기가 강한 편이고, 꽃받침은 5개로 갈라진다. 열매는 10~11월에 검은색으로 익으며 식용하고, 지름 1cm이며 타원형이다.

94 붉가시나무

- **학명** *Quercus acuta* Thunb.
- **과명** 참나무과
- **형태** 상록활엽교목
- **꽃** 5월
- **열매** 이듬해 10월

붉가시나무_잎

붉가시나무_수피

붉가시나무_겨울눈

붉가시나무_암꽃

붉가시나무_수꽃

붉가시나무_열매(1년생)

줄기가 곧게 자라면서도 가지가 많으며 잎이 무성하여 전체적인 모양이 장중한 느낌을 준다. 가히 숲의 제왕이라는 표현이 어울리는 수종이다.

붉가시나무_열매(2년생)

생태적 특성

붉가시나무 역시 참나무과 가시나무의 한 종류이다. 목재의 빛깔이 붉기 때문에 붉가시나무라는 이름이 붙었다. 높이는 약 20m이며, 지름이 60cm로 가시나무 종류 중에는 비교적 큰 나무이다. 줄기가 곧게 자라면서도 가지가 많으며 잎이 무성하여 전체적인 모양이 장중한 느낌을 준다. 가히 숲의 제왕이라는 표현이 어울리는 수종이다.

상록활엽교목으로 주로 양지바른 산기슭과 계곡에서 자란다. 수피는 녹색과 회색을 띤 검은색이다. 작은 가지에 갈색 털이 나나 2년생에 들어가면 털이 없다. 대신 검은 자주색 피목이 원형 또는 타원형으로 생기곤 한다. 어긋나는 잎은 긴 달걀 모양이거나 긴 타원형이며, 처음에는 갈색 털로 덮이나 곧 사라진다. 암수딴그루로 5월에 꽃이 피는데, 암꽃은 위에 선 채 달리며 수꽃은 어린 가지 밑부분에서 밑으로 처지게 핀다. 이듬해 가을에 맺는 열매는 타원형 또는 넓은 타원형 견과이며, 크기는 대략 2cm이다.

95 붉나무

- **학명** *Rhus javanica* L.
- **과명** 옻나무과
- **형태** 낙엽활엽소교목
- **꽃** 7~9월
- **열매** 10월

붉나무_잎(앞면)

붉나무_오배자(벌레집)

붉나무_잎(뒷면)

 붉나무_암꽃
 붉나무_수꽃
 붉나무_열매

열매가 익어서 갈라지면 붉은 가종피(假種皮)에 싸여 있던 종자에서 소금 성분이 나오는데, 옛날 소금을 구할 수 없었던 산간벽지에서는 이 열매의 짠맛을 우려내어 소금 대용이나 간수로 썼다.

생태적 특성

가을에 단풍이 마치 불이 붙은 듯하다고 해서 붉나무라고 부른다. 지방에 따라 오배자나무, 굴나무(경상도), 뿔나무(강원도), 불나무(전남)로 부르기도 하며, 오배자수(五倍子樹), 염부목(鹽膚木), 산오동(山梧桐)이라고도 한다. 여기에서 염부목은 이 나무에 소금 성분이 들어 있기 때문에 붙여진 것이다. 오배자수라는 이름은 잎줄기, 새잎, 어린순에 오배자벌레가 기생하여 혹같이 생긴 벌레집, 오배자를 만든다고 해서 붙여진 것이다.

낙엽활엽소교목으로 높이는 $7m$ 정도이고 수피는 심갈색이며 작은 가지에 털이 있다. 잎은 어긋나고 기수우상복엽이며 소엽은 7~13개이고 난상의 타원형이다. 잎의 가장자리에 톱니가 드문드문 나 있으며 잎줄기에 날개가 있다. 꽃은 암수딴그루로 7~9월에 황백색으로 핀다. 수꽃 꽃차례는 길고 암꽃 꽃차례는 짧게 핀다. 열매는 편구형의 핵과로 10월에 황적색으로 익는데 황갈색의 잔털이 덮여 있으며 시고 짠맛이 난다.

96 비자나무

학명 *Torreya nucifera* (L.) Siebold & Zucc.
과명 주목과
형태 상록침엽교목
꽃 4~5월
열매 이듬해 9~10월

비자나무_잎

비자나무_수피

비자나무_겨울눈

비자나무_암꽃　　비자나무_수꽃　　비자나무_열매(미성숙)

제주도 구좌읍 평대리 비자림은 수령 500~800년 비자나무가 2,800여 그루나 자라는 세계 최대의 비자나무 숲으로 유명하다.

비자나무_씨앗

생태적 특성

산에서 나는 삼나무라고 해서 야삼(野杉), 무늬가 아름다워 문목(文木)으로도 부른다. 속명 *Torreya*는 19세기 미국의 식물학자 존 토레이(John Torrey)를 기념하여 붙여진 것이며, 종명 *nucifera*는 '딱딱한 껍질을 가졌다'는 뜻이다.

비자나무는 상록침엽교목으로 암수딴그루이다. 잎은 바늘 모양으로 뒷면에 황백색의 공기구멍이 양쪽에 늘어서 있다. 꽃은 4~5월에 핀다. 수꽃은 달걀 모양이며 갈색의 포로 싸여 있고 암꽃은 가지 끝에 2~3개씩 달린다. 열매는 도란형 혹은 타원형으로 이듬해 9~10월에 익고 종자는 타원형이다.

전북 내장산, 전남 해안 및 제주도에 분포하는데, 제주도 제주시 구좌읍 평대리 비자림은 수령 500~800년 비자나무가 2,800여 그루나 자라 단일 수준으로는 세계 최대의 비자나무 숲으로 유명하다.

97 뽕나무

- **학명** *Morus alba* L.
- **과명** 뽕나무과
- **형태** 낙엽활엽교목
- **꽃** 4~5월
- **열매** 6~7월

뽕나무_잎과 열매(미성숙)

뽕나무_수피

뽕나무_암꽃　　　　뽕나무_수꽃　　　　뽕나무_열매(성숙)

어린 시절 뽕나무 열매인 오디를 따 먹은 기억이 있을 것이다. 오디를 많이 먹으면 소화가 잘 되어 방귀가 '뽕' 하고 나온다고 해서 나무 이름을 뽕나무라고 했다는 이야기가 전해진다.

생태적 특성

상수(桑樹), 백수(白樹), 가상(家桑), 지상(地桑), 오듸나무, 새뽕나무, 오디나무 등으로도 불린다.

낙엽활엽교목으로 높이는 15m 정도이고 수피는 황갈색이다. 잎은 넓은 난형으로 가장자리는 톱니가 있다. 꽃은 암수딴그루로 4~5월에 핀다. 열매는 취화과로 구형 또는 타원형으로 6~7월에 보라색, 검은색으로 익는다.

온대·아열대 지방이 원산으로 우리나라와 중국에 식재한다. 전국에서 양잠용으로 많이 기르는 나무이다. 뽕잎을 먹고 자란 누에는 한 마리에서 약 1km의 명주실을 짜낼 수가 있다고 한다. 또 누에는 당뇨를 다스리는 데 특효로 알려져 있으며, 누에똥도 농작물의 거름이나 약재로 쓰인다. 이와 같이 뽕나무는 잎부터 뿌리까지 그리고 누에와 번데기까지 버릴 것이 없는 매우 유용한 나무이다.

98 사과나무

- **학명** *Malus pumila* Mill.
- **과명** 장미과
- **형태** 낙엽활엽소교목
- **꽃** 4~5월
- **열매** 9~10월

사과나무_잎

사과나무_수피

사과나무_새잎

사과나무_꽃봉오리

사과나무_꽃

사과나무_열매(미성숙)

사과나무_열매(성숙)

씨앗에서 자연 발아된 나무는 13년 후에 꽃을 피우며 열매가 매우 작게 달린다. 따라서 큰 열매를 얻으려면 아그배나무나 야광나무를 대목으로 접을 붙여야 한다.

생태적 특성

사과나무 이름의 유래는 미상이나 한자 사과(沙果)를 보자면 물이 잘 빠지는 모래땅에서 잘 자라는 과일나무라 하여 붙여진 이름으로 추측할 수 있다. 능금나무, 시과, 임과(林果)라고도 하며, 한자로는 평과(苹果)라고도 한다.

낙엽활엽소교목으로 높이는 $10m$ 정도이고 작은 가지는 자주색이다. 잎은 타원형으로 가장자리에 둔한 톱니가 있다. 꽃은 짧은 가지에 3~7개씩 산형으로 달리며 연한 홍색으로 4~5월에 핀다. 열매는 편구형으로 양 끝이 오목한 모양으로 9~10월에 익는다.

99 사방오리

- **학명** *Alnus firma* Siebold & Zucc.
- **과명** 자작나무과
- **형태** 낙엽활엽소교목
- **꽃** 3~4월
- **열매** 10월

사방오리_잎

사방오리_수피

사방오리_열매(미성숙)

사방오리_암꽃

사방오리_수꽃

사방오리_열매(성숙)

사방오리는 산이나 바닷가, 강가 등의 모래나 흙이 떠내려가는 것을 방지하기 위한 사방공사에 많이 심어 붙여진 명칭이다.

생태적 특성

낙엽활엽소교목으로 높이는 7~10m이고 지름이 30cm이다. 줄기는 곧지만 우리나라에는 2~3개로 갈라지는 것이 많다. 수피는 회갈색으로 평활하며 작은 가지에는 털이 나 있다. 잎은 어긋나고 난상 및 장타원상의 피침형으로 끝은 뾰족하며 기부는 원형이고 잎 가장자리는 톱니 모양이며 3~4월에 잎과 함께 꽃이 핀다. 수꽃은 노란색으로 가지 선단에서 밑으로 처지고, 암꽃은 작은 가지 기부에 1개씩 달려 핀다. 좁은 타원형의 씨에는 날개가 달려 있으며 10월에 익는다.

100 사스레피나무

학명 *Eurya japonica* Thunb.
과명 차나무과
형태 상록활엽관목
꽃 4월
열매 10~11월

사스레피나무_잎

사스레피나무_수피

사스레피나무_어린잎

사스레피나무_암꽃

사스레피나무_수꽃

사스레피나무_꽃차례

사스레피나무_열매

제주 방언에서 유래된 이름으로 인목(獜木)이라고도 한다. 이름이 비슷해 사스래나무와 혼동이 되는데, 사스래나무는 자작나무과로 사스레피나무와 전혀 다른 과의 나무이다.

생태적 특성

제주 방언에서 유래된 이름으로 인목(獜木)이라고도 한다. 무치러기나무, 세푸랑나무, 가새목, 섬사스레피나무라고도 하며, 한자명은 영목(柃木)이다. 이름이 비슷해 사스래나무와 혼동이 되는데, 사스래나무는 자작나무과로 사스레피나무와는 전혀 다른 과의 나무이다.

상록활엽관목으로 높이는 $3m$ 정도이고 작은 가지는 녹색으로 털이 없다. 잎은 어긋나며 긴 타원형으로 두껍고 가장자리에 톱니가 있다. 암수딴그루로 꽃은 전년지의 엽액에 1~3개가 달리고 황록색으로 4월에 핀다. 열매는 구형의 장과로 10~11월에 자흑색으로 익는다.

101 사철나무

학명 *Euonymus japonicus* Thunb.
과명 노박덩굴과
형태 상록활엽관목 또는 소교목
꽃 6~7월
열매 10월

사철나무_잎

사철나무_수피

사철나무_꽃

사철나무_열매(미성숙)

사철나무_열매(성숙)

사시사철 푸른 잎을 달고 있다 하여 붙여진 이름이다. 겨우사리나무, 무른나무, 개동굴나무, 동청목, 넓은잎사철나무, 들축나무, 긴잎사철나무, 무른사철나무, 무른나무, 푸른나무 등으로도 불린다.

생태적 특성

사철나무라는 이름은 사시사철 푸른 잎을 달고 있다 하여 붙여진 것이다. 겨우사리나무, 무른나무, 개동굴나무, 동청목, 넓은잎사철나무, 들축나무, 긴잎사철나무, 무른사철나무, 무른나무, 푸른나무 등으로도 불리며, 한자명은 화두충(和杜沖), 동청위모(冬靑衛矛)이다.

상록활엽관목 또는 소교목으로 높이는 3m 정도이고 작은 가지는 녹색이고 능각이 졌다. 잎은 마주나고 혁질로 도란형 및 타원형이며 가장자리에 톱니가 있다. 꽃은 액상하는 취산화서에 5~12개가 달리며 황록색으로 6~7월에 핀다. 취산화서란 화축 끝에 달린 꽃 밑에서 1쌍의 꽃자루가 나와 각각 그 끝에 꽃이 1개씩 달리고 그 꽃 밑에서 각각 1쌍의 작은 꽃자루가 나와 그 끝에 꽃이 1개씩 달리는 모양을 말한다. 열매는 삭과로 둥글고 10월에 홍적색으로 익는다.

102 산돌배

- **학명** *Pyrus ussuriensis* Maxim.
- **과명** 장미과
- **형태** 낙엽활엽교목
- **꽃** 4~5월
- **열매** 9~10월

산돌배_잎

산돌배_수피

산돌배_새잎

산돌배_꽃

산돌배_열매

산돌배라는 이름은 '산에서 나는 돌배'라는 뜻이다. 산돌배 중에는 천연기념물로 지정된 것이 있는데, 경북 울진의 쌍전리 산돌배는 높이 25m, 지름 5.4m, 수령 250년으로 천연기념물 제408호이다.

생태적 특성

산돌배는 산돌배나무라고도 하며 배나무, 콩배나무, 위봉배나무, 첨위봉배나무, 가위봉배나무, 돌배나무, 금강산돌배, 털산돌배나무, 백운배나무, 참배, 남해배나무, 문배나무, 들배나무, 취앙네, 청실배, 합실리 등과 같은 배나무 종류들이 있다.

낙엽활엽교목으로 높이는 10m 정도이다. 가지는 흑갈색으로 잘게 갈라지고 작은 가지는 갈색이다. 잎은 어긋나고 둥근 모양이며 잎의 양면에 털이 없고 침형의 톱니가 나 있다. 꽃은 5~7개씩 산방화서에 달리며 4~5월에 잎과 함께 흰빛으로 핀다. 열매는 둥글고 9~10월에 황색으로 익는데 향기가 있다.

103 산딸기

- **학명** *Rubus crataegifolius* Bunge
- **과명** 장미과
- **형태** 낙엽활엽관목
- **꽃** 5월
- **열매** 6~7월

산딸기_잎

산딸기_수피

산딸기_잎차례

산딸기_꽃 산딸기_어린 열매 산딸기_열매

산딸기는 정감 어린 과일이다. 우리가 흔히 먹는 딸기와는 달리 나무에서 열매가 달리므로 나무딸기라고도 하며 흰딸, 참딸이라는 이름도 있다.

생태적 특성

낙엽활엽관목으로 높이는 2m 정도이다. 줄기는 적갈색이며 뿌리에서 싹이 나와 군집을 형성하는 전형적인 관목의 형태로 자란다. 잎은 난형 및 타원형으로 3~5개로 갈라져 있으며 표면에는 털이 없으나 뒷면의 맥 위에는 털이 있다. 잎자루에는 갈퀴 같은 가시가 나 있다. 꽃은 5월에 흰색으로 가지 끝에 복산방화서를 이루며 2~3개가 모여 달린다. 열매는 구형으로 한여름인 6~7월에 황록색으로 익는데 그냥 먹기도 하며 잼이나 파이 등을 만들어 먹기도 한다.

우리나라 전국 산야 또는 화전(火田) 지대나 황폐한 곳에 자생하는데 그늘에서는 잘 자라지 못한다. 개방된 곳에서 대군집을 형성하여 자라며 주로 쑥, 닭의장풀, 싸리 등과 함께 나타나는 특징이 있다. 햇빛을 좋아하여 주로 숲 가장자리 쪽에 자라고 있어 산길을 지나다보면 자주 볼 수 있다.

104 산딸나무

학명 *Cornus kousa* Buerg.
과명 층층나무과
형태 낙엽활엽소교목
꽃 6월
열매 10월

산딸나무_잎

산딸나무_수피

산딸나무_겨울눈

#

산딸나무_꽃　　　　산딸나무_열매　　　산딸나무_씨앗

동그랗게 만들어진 꽃차례에 4장의 꽃잎처럼 생긴 흰색의 포가 꽃처럼 보이게 하여 나비나 벌 등을 유혹한다. 이 나무의 독특한 생존법이다.

생태적 특성

산딸나무는 열매가 딸기처럼 붉은색으로 익는다고 하여 붙여진 이름이다. 꽃 모양이 십자형인 데다가 예수가 이 나무로 만든 십자가에 못이 박혀 운명하였다고 하여 기독교에서는 성스러운 나무로 취급한다. 들메나무, 박달나무, 쇠박달나무, 미영꽃나무, 준딸나무, 소리딸나무, 애기산딸나무, 굳은산딸나무 등 다른 이름도 많으며, 한자명은 사조화(四照花)이다.

낙엽활엽소교목으로 높이는 6~10m 정도이고 가지는 층을 이루며 수평으로 퍼진다. 잎은 마주나며 난형 및 타원상의 난형이다. 잎 뒷면은 회녹색으로 복모가 밀생하며 맥 사이에는 갈색 밀모가 나 있고 잎맥은 4~5쌍이다. 6월에 피는 꽃은 지난해 자란 가지 끝에서 두상화서를 이루며, 총포편은 꽃잎처럼 4개가 사방으로 퍼져 달리며 좁은 난형이다. 열매는 취과로 둥글며 10월에 붉은색으로 익는다.

105 / 산사나무

- **학명** *Crataegus pinnatifida* Bunge
- **과명** 장미과
- **형태** 낙엽활엽소교목
- **꽃** 5월
- **열매** 9~10월

산사나무_잎

산사나무_수피

산사나무_꽃

산사나무_어린 열매   산사나무_열매

유럽에서는 산사나무를 Hawthorn이라고 해서 벼락을 막아준다고 믿었으며, 예수가 수난을 받은 성 금요일에 꽃을 피워 악마를 막아준다고도 믿었다.

생태적 특성

유럽에서 청교도들이 아메리카 대륙으로 건너갈 때 탔던 배 이름이 메이플라워(Mayflower)이다. 번역하자면 '5월의 꽃'인데, 바로 산사나무의 흰 꽃을 뜻한다. 유럽에서는 산사나무를 Hawthorn이라고 해서 벼락을 막아준다고 믿었다.

산사나무라는 이름은 산사(山査), 산사목(山査木)에서 유래되었으며 아가위나무, 아그배나무, 찔구배나무, 질배나무, 동배나무, 애광나무라고도 부른다.

낙엽활엽소교목으로 높이는 6m이고 수피는 회갈색이다. 줄기는 회색을 띠며 작은 가지에 예리한 가시가 있다. 잎은 어긋나고 짙은 녹색의 날개 모양이며 깊게 갈라진다. 꽃은 가지 끝에 산방화서를 이루며 5월에 흰색으로 핀다. 열매는 이과로 둥글고 흰색 반점이 있으며 9~10월에 익는다.

106 산수국

- **학명** *Hydrangea serrata* for. *acuminata* (Siebold & Zucc.) E. H. Wilson
- **과명** 범의귀과
- **형태** 낙엽활엽관목
- **꽃** 6~8월
- **열매** 9~10월

산수국_잎

산수국_수피

산수국_새순

산수국_꽃봉오리　　　산수국_꽃　　　산수국_열매

산수국은 산에 사는 수국이란 뜻인데, 수국이 물을 좋아하는 성질을 가졌듯 산수국 역시 산에 물이 많은 곳에서 자란다. 꽃이 모여 달리는 것이 꼭 국화 같다고 해서 산수국이라고도 한다.

생태적 특성

낙엽활엽관목으로 높이는 $1m$ 정도이다. 밑에서 많은 줄기가 나와 군집을 이루며 사는 식물로 작은 가지에 잔털이 나 있으며 물이 있는 바위틈이나 계곡에서 잘 자란다. 잎은 타원형 및 난형으로 마주나며 가장자리에 예리한 톱니가 있고 양면 맥 위에 털이 나 있다.

꽃은 6~8월에 가지 끝에 큰 산방화서를 이루며 흰색 또는 청백색으로 핀다. 가장자리의 무성화는 지름 2~3㎝로 3~5개의 푸른빛이 도는 엷은 홍색인 꽃잎 같은 꽃받침 잎으로 되어 있다. 이는 벌이나 나비를 유인하기 위한 산수국의 특별한 전략이다. 진짜 유성화는 가운데에 수북하게 자리 잡고 있다. 열매는 삭과로 도란형이고 9~10월에 짙은 갈색으로 익는다.

107 산수유

- **학명** *Cornus officinalis* Siebold & Zucc.
- **과명** 층층나무과
- **형태** 낙엽활엽소교목
- **꽃** 3~4월
- **열매** 9~10월

산수유_잎

산수유_수피

산수유_단풍

산수유_꽃봉오리 산수유_꽃 산수유_열매

이른 봄에 잎보다 먼저 꽃을 피운다. 대개 잎이 나기 전 꽃이 먼저 피는 나무들은 무엇보다도 열매를 먼저 맺겠다는 의지를 나타낸 것이다.

생태적 특성

산수유란 이름은 산에 나는 수유라는 뜻이다. 층층나무과에 속하며 개나리, 생강나무와 함께 노란 꽃을 피워 봄을 알리는 봄의 전령수(傳令樹)로 이른 봄에 잎보다 먼저 꽃을 피운다. 대개 잎이 나기 전 꽃이 먼저 피는 나무들은 무엇보다도 열매를 먼저 맺겠다는 의지를 나타낸 것이다.

산시유나무, 석조, 육조, 양주, 계족, 초산조 등 다른 이름도 많다. 한자명은 실조아수(實棗兒樹), 홍조피(紅棗皮) 등이다.

낙엽활엽소교목으로 높이는 $7m$ 정도이고 지름은 $40cm$로 수피는 벗겨지며 연한 갈색이다. 잎은 마주나며 난상의 피침형 및 타원형이다. 잎의 표면에는 털이 약간 있으나 뒷면에는 털이 많고 특히 맥 사이에 갈색 밀모가 있다. 꽃은 양성화로 20~30개의 산형화서를 이루며 황색으로 잎보다 먼저 핀다. 열매는 붉은색의 긴 타원형의 핵과로 9~10월에 익는다.

108 산초나무

학명 *Zanthoxylum schinifolium* Siebold & Zucc.
과명 운향과
형태 낙엽활엽관목
꽃 6~8월
열매 9~10월

산초나무_잎과 줄기에 난 가시

산초나무_수피

산초나무_새잎

산초나무_암꽃   산초나무_수꽃

산초나무_열매(미성숙)   산초나무_열매(성숙)

자잘하게 많이 달린 열매는 다산(多産)을 상징한다. 그래서 중국 한나라에서는 황후의 방을 초방(椒房)이라 하여 황후가 아기를 많이 낳기를 기원하기도 했다.

생태적 특성

산초(山椒)라는 말은 산에서 나는 초(椒)라는 의미를 담고 있다. 분지나무, 산추나무, 상초나무, 상초 등으로도 불린다.

낙엽활엽관목으로 3m 정도의 높이에 작은 가지는 적갈색이며 수피는 흑회색이다. 잎은 기수우상복엽이며 소엽은 피침형으로 13~21개이다. 줄기와 가시는 서로 어긋나게 달리며 꽃잎과 꽃받침이 구분되어 있다. 초피나무처럼 탁엽이 변한 가시가 밑으로 약간 굽었으며 어긋나게 달린다. 꽃은 6~8월에 암수딴그루로 황록색으로 피며, 열매는 둥그스름하며 길게 9~10월에 녹갈색에서 적갈색으로 익는다. 씨는 검은빛으로 광택이 난다.

109 살구나무

- **학명** *Prunus armeniaca* var. *ansu* Maxim.
- **과명** 장미과
- **형태** 낙엽활엽소교목
- **꽃** 4월
- **열매** 6~7월

살구나무_잎

살구나무_수피

살구나무_잎차례

살구나무_꽃

살구나무_열매

살구나무_씨앗

살구는 황색을 띤 붉은색 과일로 새콤하면서도 달짝지근한 맛이 난다. 살구나무를 뜻하는 한자는 행(杏)인데, 나무(木)에 열매(口)가 주렁주렁 매달려 있는 모습을 상징한다.

생태적 특성

낙엽활엽소교목으로 높이는 6m 이상이다. 작은 가지는 갈색으로 수피에 코르크질이 발달하지 않는 것이 특징이다. 잎은 난형 및 넓은 타원형으로 가장자리에 불규칙한 톱니가 있다. 꽃은 1개씩 연분홍색으로 4월에 잎보다 먼저 핀다. 열매는 핵과로 구형이고 털이 많으며 6~7월에 황색 또는 황적색으로 익는다.

우리나라와 중국, 몽골, 일본, 미국, 유럽 등지에 분포한다. 중국이 원산지이며, 미국이 세계에서 가장 많이 생산하는 국가이다. 배수가 잘 되는 사질양토에서 잘 자라고 추위와 공해에는 강하나 그늘진 곳과 건조지에서는 잘 자라지 못한다. 살구는 매실과 구별할 수가 없을 정도로 비슷한데 과육과 씨로 구분이 가능하다. 살구는 과육과 씨가 잘 분리되지만 매실은 그렇지 않다.

110 삼나무

- **학명** *Cryptomeria japonica* (Thenb. ex. L.f.) D.Don
- **과명** 낙우송과
- **형태** 상록침엽교목
- **꽃** 3~4월
- **열매** 10월

삼나무_잎

삼나무_수피

삼나무_새순

삼나무_잎차례 삼나무_암꽃 삼나무_수꽃

삼나무_열매(미성숙) 삼나무_열매(성숙)

일본 최고의 삼림욕장인 다테야마에는 삼나무 숲이 아주 유명한데, 이곳에 법을 어긴 비구니가 신의 노여움을 사서 삼나무가 되었다는 전설이 전해진다.

생태적 특성

상록침엽교목으로 높이는 $40m$ 이상이고 지름이 $1~2m$이다. 수피는 적갈색이며 세로로 깊게 갈라진다. 잎은 끝이 예리하고 조밀한 피침형인데 약간 굽어 있다. 꽃은 3~4월에 피는데, 수꽃은 짧은 총상화서이며 암꽃은 구형으로 가지 끝에 1개씩 달린다. 열매 길이 $2~3cm$ 정도로 적갈색으로 둥글다. 열매 조각은 두꺼우며 끝에 뾰족한 돌기가 있다. 열매 조각에 씨가 2~6개 들어 있는데, 긴 타원형으로 좁은 날개가 있고 10월에 익는다.

111 상동나무

- **학명** *Sageretia thea* (Osbeck) M. C. Johnst.
- **과명** 갈매나무과
- **형태** 낙엽활엽 또는 반상록활엽덩굴성 목본
- **꽃** 10~11월
- **열매** 이듬해 4~5월

상동나무_잎

상동나무_수피

상동나무_열매

상동나무_꽃

상동이라는 이름은 겨울에도 산다고 해서 생동목(生冬木)이라고 하던 것이 생동나무를 거쳐 상동나무가 되었다고 한다.

생태적 특성

상동나무는 낙엽활엽 또는 반상록활엽덩굴성 목본이다. 상동이라는 이름은 겨울에도 산다고 해서 생동목(生冬木)이라고 하던 것이 생동나무를 거쳐 상동나무가 되었다고 한다.

높이는 2m에 달한다. 작은 가지에 8개의 모가 난 줄이 있는 것이 큰 특징이며, 갈색의 털이 나는데 끝이 가시로 변하는 것도 독특하다. 어긋나는 잎은 길이가 1~3cm로 작으며 달걀 모양으로 끝이 둔하고 밑부분이 둥글다. 잎 가장자리에는 잔톱니가 나 있다.

꽃은 가을에 황색으로 가지 끝 또는 그 근처의 잎겨드랑이에서 수상화서를 이루며 달린다. 꽃의 지름은 3.5mm 정도이다. 달걀 모양으로 생긴 꽃받침조각은 끝이 뾰족하며 털이 나 있다. 가을에 꽃이 피고 이듬해 늦봄에 열매를 맺는 것은 일반 수종과 정반대이다.

112 상수리나무

학명 *Quercus acutissima* Carruth.
과명 참나무과
형태 낙엽활엽교목
꽃 3~4월
열매 이듬해 9~10월

상수리나무_잎

상수리나무_수피

상수리나무_잎차례

상수리나무_암꽃

상수리나무_수꽃

상수리나무_열매

상수리나무_씨앗

임진왜란 때 의주로 피난 간 선조는 피난 중에 상수리나무의 열매인 도토리로 묵을 쑤어 먹었는데 맛이 좋아 즐겨 찾았다. 수라상에 오른 나무라는 뜻으로 상수리라고 했다는 이야기가 있다.

생태적 특성

낙엽활엽교목으로 높이는 20~30m이고 지름이 1m로 원줄기가 곧게 올라가 큰 수형을 이루며 곧게 자란다. 잎은 타원상의 피침형이며 가장자리에는 엽침이 발달하고 측맥은 13~18쌍이다. 잎의 표면은 털이 없고 광택이 나며 뒷면에는 단모가 나 있다. 수꽃은 밑으로 처지고 암꽃은 위로 곧게 나오는데 1~3개가 3~4월에 핀다. 각두는 견과를 1/2쯤 둘러싸고 포린은 뒤로 젖혀지며 견과는 긴 타원형으로 이듬해 9~10월에 익는다.

113 생강나무

- **학명** *Lindera obtusiloba* Blume
- **과명** 녹나무과
- **형태** 낙엽활엽관목 또는 소교목
- **꽃** 3월
- **열매** 9~10월

생강나무_잎

생강나무_수피

생강나무_어린잎

생강나무_암꽃   생강나무_수꽃   생강나무_열매

열매에서 짠 기름은 동백기름처럼 부인들의 머릿기름으로 사용되어 경기도 지방에서는 생강나무 기름을 동백기름이라고 한다. 산골에서는 등잔불의 기름으로도 사용한다.

생태적 특성

생강나무 꽃은 어쩌면 그렇게도 산수유와 닮았는지 혼동이 되곤 한다. 산수유나무의 꽃잎은 4개로 갈라지는 데 비해 생강나무의 꽃잎은 6개로 갈라진다. 생강나무의 어린 가지는 털이 없고 줄기는 흑회색이다. 산수유나무의 어린 가지는 분록색이고 겉껍질이 벗겨지며 줄기는 연한 갈색으로 벗겨진다.

생강나무라는 이름은 잎과 가지에 방향성 정유를 함유하고 있어 자르면 생강 냄새가 난다 하여 붙여졌다. 매화처럼 이른 봄에 피는 꽃이라고 해서 황매목(黃梅木), 향려목(香麗木)이라고도 하며 아귀나무, 동백나무, 아구사리, 개동백나무라고도 한다. 중부 이북지방에서는 산동백, 강원도에서는 동박나무라고 부르기도 한다.

낙엽활엽관목 또는 소교목이나 대개 관목상이며 높이는 3~6m 정도이다. 수피는 흑회색이고 작은 가지는 황록색이다. 잎은 윗부분이 3~5개로 갈라져 산(山) 자 모양이거나 원형에 가까운 난형이다. 암수딴그루로 꽃은 3월에 잎보다 먼저 피며, 열매는 구형으로 녹색에서 황색 또는 홍색으로 변하며 9~10월에 자흑색으로 익는다.

114 서향

- **학명** *Daphne odora* Thunb.
- **과명** 팥꽃나무과
- **형태** 상록활엽관목
- **꽃** 4~5월
- **열매** 5~6월

서향_잎(앞면)

서향_수피

서향_잎(뒷면)

서향_꽃   서향_꽃 무리

향기가 천 리를 간다 하여 천리향(千里香)이라고 하며, 다른 꽃향기를 뒤덮을 만큼 향기가 강하여 꽃들의 적이라 하여 화적(花賊)이라고도 부른다.

생태적 특성

한 여승이 꿈속에서 향기를 좇아가다 보니 극락으로 들어가는 문 앞에 한 그루 나무가 있었는데, 상서로운 향이 나는 나무라고 하여 서향(瑞香)이라고 했다고 한다. 꿈속에서 향기를 맡았다 하여 수향(睡香), 향기가 천 리를 간다 하여 천리향(千里香)이라고도 하며, 다른 꽃향기를 뒤덮을 만큼 향기가 강하여 꽃들의 적이라 하여 화적(花賊)이라고도 부른다. 또 침정화, 침향, 중머리 등의 다른 이름도 있다.

상록활엽관목으로 높이는 2m 정도이고 원줄기는 곧고 가지가 많이 갈라지며 매끄럽고 광택이 난다. 잎은 어긋나고 다소 혁질이며 타원형 및 타원상의 피침형이다. 꽃은 암수딴그루로 전년도 가지 끝에 두상화서를 이루며 자색 또는 흰색으로 핀다. 향기가 강하며 꽃받침통은 끝이 4개로 갈라진다. 홍자색으로 4~5월에 꽃이 핀다. 열매는 수과로 5~6월에 익는다.

115 석류나무

학명 *Punica granatum* L.
과명 석류나무과
형태 낙엽활엽소교목
꽃 5~6월
열매 9~10월

석류나무_잎

석류나무_수피

석류나무_새잎

석류나무_꽃(주홍색)

석류나무_꽃(흰색)

석류나무_열매

전통혼례복인 활옷이나 원삼에는 포도나 석류, 동자(童子) 문양이 많다. 이는 열매가 많이 달리는 것처럼 아들을 많이 낳으라는 의미가 있다.

석류나무_열매 속의 씨앗

생태적 특성

석류의 원래 이름은 안석류(安石榴)이다. 기원전 2세기 한 무제 때 서한에 속했던 안국(安國 ; 지금의 우즈베키스탄의 부하라)과 석국(石國 ; 지금의 우즈베키스탄의 타슈켄트)의 머리글자와 울퉁불퉁한 혹과 같은 열매라는 뜻의 류(榴) 자를 붙여서 안석류라고 했던 것이 나중에 석류가 되었다. 여기에서 류(榴)의 뜻은 열매 속에 씨앗이 아주 많이 머무른다는 뜻이다. 석누나무라고도 한다.

낙엽활엽소교목으로 높이는 3~5m 정도이다. 작은 가지는 네모지고 윗부분의 가지는 가시로 되어 있다. 잎은 마주나고 도란형 및 긴 타원형이다. 꽃은 양성으로 가지 끝의 짧은 꽃자루 위에 1~5개씩 달리며 붉은색으로 5~6월에 핀다. 열매는 둥글고 끝에 꽃받침 열편이 있으며 9~10월에 홍황색으로 익는다. 석류의 과실은 화탁(花托)이 발달해 있다. 열매는 불규칙하게 째져서 담홍색의 씨를 드러낸다. 씨는 매우 신맛이 난다.

116 섬잣나무

- **학명** *Pinus parviflora* Siebold & Zucc.
- **과명** 소나무과
- **형태** 상록침엽교목
- **꽃** 5~6월
- **열매** 이듬해 9~10월

섬잣나무_잎

섬잣나무_수피

섬잣나무_잎차례

섬잣나무_암꽃   섬잣나무_수꽃   섬잣나무_열매

섬잣나무는 울릉도에 산다고 해서 붙여진 이름이다. 그러나 해풍에는 약한 편이라서 바닷가보다는 해발 500m 내외에 자생한다.

생태적 특성

섬잣나무는 울릉도에 산다고 해서 붙여진 이름이다. 그러나 해풍에는 약한 편이라서 바닷가보다는 해발 500m 내외에 자생한다.

상록침엽교목으로 높이는 25m 이상이며 지름은 60cm 정도이다. 수피는 암회색이고 암수한그루이다. 잎은 3능형(三稜形)으로 5개씩 속생하며 양면에 4줄의 백색 기공조선이 발달되어 있고 흰색을 띤다. 잎의 길이는 3.5~6cm, 너비는 1~1.2mm로 가장자리에 잔톱니가 뚜렷하지 않다. 꽃은 5~6월에 피는데 수꽃은 홍황색으로 긴 타원형이며 암꽃은 난상의 타원형이고 새로 난 줄기 끝에 여러 개가 함께 담록색으로 핀다. 열매는 난상의 긴 타원형이고, 씨는 난상의 원형으로 날개가 달려 있으며 이듬해 9~10월에 익는다.

117 세쿼이아

- **학명** *Sequoia sempervirens* Endl.
- **과명** 낙우송과
- **형태** 상록침엽교목
- **꽃** 4~5월
- **열매** 10~11월

세쿼이아_잎

세쿼이아_수피

세쿼이아_새잎

세쿼이아_빅트리

지구상에 자라는 수많은 나무 중에서 가장 크게 자라는 나무이다. 자생지인 미국 캘리포니아에는 높이가 100m, 가슴둘레가 10m가 넘는 세쿼이아가 즐비하다.

생태적 특성

레드우드(redwood)와 빅트리(big tree) 두 종류가 있다. 높이는 60~90m에 달하고 지름이 3.5~6m에 달한다. 특히 뿌리 근처의 지름은 10m나 된다. 세계에서 가장 오래 사는 나무로도 유명한데, 자생지에는 4,000~5,000년생 빅트리가 여러 그루 자라고 있다.

빅트리는 잎이 삼나무와 비슷하며 길이 1cm 정도의 나선 모양으로 난다. 그러나 성숙하면 가지에 달린 잎은 비늘처럼 된다. 꽃은 단성화이며, 열매는 길이가 5~10cm, 지름은 3.5~6cm이다. 열매는 2년 만에 익는데, 그 안에 4~6개의 씨가 들어 있다.

상록침엽교목으로 잎은 주목과 비슷하며 길이는 1~3cm이다. 잎 표면은 녹색, 뒷면은 흰빛이 돈다. 꽃은 단성화이다. 수꽃은 잎겨드랑이에 붙고, 암꽃은 끝에 달린다. 열매는 달걀 모양으로 길이는 2.5~3cm이고, 10~11월에 검은 갈색으로 익는다. 씨는 타원형으로 날개가 있다.

118 소나무

학명 *Pinus densiflora* Siebold & Zucc.
과명 소나무과
형태 상록침엽교목
꽃 5월
열매 이듬해 9~10월

소나무_새순

소나무_수피

소나무_열매

소나무_전년도 열매

소나무_암꽃

소나무_수꽃

소나무는 우리 민족과 뗄래야 뗄 수 없다. 아예 태어날 때부터 금줄이라고 해서 왼 새끼줄에 솔가지를 달아 부정을 막았고, 오래 사는 나무라 하여 십장생의 하나로 쳤다.

생태적 특성

소나무는 우리 민족과 뗄래야 뗄 수 없다. 아예 태어날 때부터 금줄이라고 해서 왼 새끼줄에 솔가지를 달아 부정을 막았고, 오래 사는 나무라 하여 십장생의 하나로 쳤다.

전국의 해발 1,300m 이하에서 자생하는 상록침엽교목으로 높이는 30m 이상이고 지름은 1.5m 이상으로 크다. 나무껍질은 붉고 박편처럼 떨어지는데 오래된 껍질은 흑갈색으로 바뀌어간다. 침엽은 비틀린 모양으로 2개씩 속생하고 엽초는 2년에 걸쳐 떨어진다.

꽃은 5월에 피는데 수꽃은 긴 타원형으로 20~30개의 황색 꽃이 새 가지에 달리며, 암꽃은 자색을 띠며 난형이다. 열매는 난상 원추형이며 황갈색으로 이듬해 9~10월에 익는다. 실편은 70~100개이고 씨는 타원형으로 흑갈색이다.

119 소사나무

- **학명** *Carpinus turczaninowii* Hance
- **과명** 자작나무과
- **형태** 낙엽활엽소교목
- **꽃** 5월
- **열매** 10월

소사나무_잎

소사나무_수피

소사나무_암꽃

소사나무_수꽃

소사나무_열매

인천 강화도의 마니산에 있는 참성단 소사나무는 수령 150년으로 추정되며 천연기념물 제502호로 지정되어 있다. 규모와 아름다움에서 우리나라 소사나무를 대표한다.

생태적 특성

서어나무와 비슷한 종이지만 서어나무만큼 크지는 않는다. 서어나무를 한자로 서목(西木)이라고 부르고, 이 나무는 소서목(小西木)이라고 부른다. 쇠사슬나무라고도 한다.

낙엽활엽소교목으로 높이는 10m이다. 수피는 암갈색이며 줄기는 구불구불하게 자라고 작은 맹아들이 돌출되어 있다. 잎은 난형으로 겹톱니가 있으며 측맥은 10~12쌍이고 뒷면 맥 위에 털이 많이 나 있다. 수꽃은 작은 가지에서 밑으로 처지고, 암꽃은 대가 있으며 포에 암꽃이 2개씩 달리며 5월에 핀다. 열매는 난형의 소견과로 10월에 익는다.

120 송악

- **학명** *Hedera rhombea* (Miq.) Siebold & Zucc. ex Bean
- **과명** 두릅나무과
- **형태** 상록활엽덩굴성 목본
- **꽃** 10월
- **열매** 이듬해 5월

송악_잎(앞면)

송악_줄기와 부착근

송악_잎(뒷면)

송악_꽃　　　　　　　　　　　　　송악_열매

고창 선운사 입구의 삼인리 송악은 많은 덩굴이 암벽을 따라 올라가고 있는 모양이 신기하기만 하다. 남부지방에서는 소가 뜯어먹는다고 '소밥나무'라고도 한다.

생태적 특성

벽면이나 땅을 덮는 식물을 흔히 지피(地被)식물이라고 부른다. 대표적으로 잔디가 있는데, 지피식물은 먼지가 날리지 않게 하고 지열도 방지하는 효과가 있다. 나무로는 드물게 송악이 지피식물인데, 덩굴성 목본이라서 지지대에 따라 다양한 수형을 이룰 수가 있는 식물이기도 하다.

남부지방에서는 소가 뜯어먹는다고 '소밥나무'라고도 한다. 담장나무, 큰잎담장나무 등으로도 불리며, 한자명은 능엽상춘등(菱葉常春藤), 상춘등(常春藤) 등이다.

상록활엽덩굴성 목본으로 10m 이상 자라고 뿌리와 가지에서 기근이 나와 다른 물체를 타고 올라가며 작은 가지에 성상 인모가 있다. 잎은 어긋나며 혁질이고 삼각형 또는 난형 및 능형이며 가지의 잎은 3~5개로 얕게 갈라지기도 한다. 꽃은 양성화로 산형화서를 이루며 취산상으로 모여 달리고 녹황색으로 10월에 피며 작은 꽃자루는 성모가 있다. 열매는 둥글며 이듬해 5월에 검은색으로 익는다.

121 / 수국

- **학명** *Hydrangea macrophylla* (Thunb.) Ser.
- **과명** 범의귀과
- **형태** 낙엽활엽관목
- **꽃** 6~7월
- **열매** 암술이 퇴화됨

수국_잎

수국_수피

수국_새잎

수국_꽃(흰색)

수국_꽃(자주색)

수국_꽃(보라색)

수국_열매

수국의 꽃은 마치 칠면조처럼 변화무쌍해 칠변화라고도 한다. 꽃이 피기 시작할 때는 흰색, 점점 꽃이 커지면 청색으로 변해 가다 다시 붉은 기운이 돈다. 나중에는 자색으로 변한다.

생태적 특성

수국은 자양화 이외에도 분단화(粉團花), 수구화(繡毬花), 팔선화(八仙花) 등으로도 불리며, 분수국이라고도 한다. 수국 하면 국화를 떠올려 초본류로 여겨지나 엄연히 낙엽활엽관목으로 높이는 $1m$ 이상이다. 밑부분에서 많은 줄기가 올라와 둥근 수형을 이룬다.

잎은 난형으로 마주나고, 꽃은 줄기 끝에 크고 둥근 산방화서를 이루는 무성화이다. 꽃받침 잎은 4~5개로 꽃잎 모양이다. 연한 자주색에서 연한 벽색으로 변하며 6~7월에 핀다. 중성 토양을 좋아하는데 강한 산성 토양에서는 푸른 꽃이 피며 알칼리성 토양에서는 붉은 꽃이 핀다. 그래서 마치 칠면조처럼 꽃색이 변화무쌍해 흔히 칠변화라고도 한다.

122 수양버들

학명 *Salix babylonica* L.
과명 버드나무과
형태 낙엽활엽교목
꽃 3~4월
열매 5~6월

수양버들_잎

수양버들_수피

수양버들_열매가지

수양버들_암꽃　　　　　　　　수양버들_수꽃　　　　　　수양버들_열매

실처럼 늘어뜨린 버드나무 가지는 여간 멋있는 것이 아니다. 물에 닿을 듯 말 듯 강가에 축축 늘어져 바람이 불면 살랑살랑 흔들린다.

생태적 특성

옛말에 '유실무실오동실(有實無實梧桐實)이요, 유사무사양유사(有絲無絲楊柳絲)'라는 말이 있다. 오동나무 열매와 버드나무에서 나오는 실은 있으나 마나 하다는 뜻이다. 그러나 실처럼 늘어뜨린 버드나무 가지는 여간 멋있는 것이 아니다. 물에 닿을 듯 말 듯 강가에 축축 늘어져 바람이 불면 살랑살랑 흔들린다.

수양버들은 낙엽활엽교목으로 높이는 $18m$ 정도이고 지름이 $80cm$로 우리나라 전국의 마을 주변에서 흔히 볼 수 있다. 줄기는 곧고 굵은 가지가 많은데, 가지는 흑갈색 또는 적자색으로 털이 없다. 전체적인 수형은 원형을 이룬다. 잎은 피침형으로 양면에 모두 털이 없고 뒷면은 흰빛을 띠며 가장자리에 잔톱니가 있다. 암수딴그루로 꽃은 3~4월에 잎보다 먼저 또는 잎과 동시에 녹황색으로 핀다. 수꽃은 2개의 수술이 있으며 암꽃은 암술이 1개 있으며 털이 있다. 열매는 원추형의 삭과로 5~6월에 익는다.

123 스트로브잣나무

- **학명** *Pinus strobus* L.
- **과명** 소나무과
- **형태** 상록침엽교목
- **꽃** 5월
- **열매** 이듬해 9월

스트로브잣나무_잎

스트로브잣나무_수피

스트로브잣나무_잎차례

스트로브잣나무_암꽃 스트로브잣나무_수꽃 스트로브잣나무_열매

스트로브잣나무 이름은 스트로브란 학명에서 따온 것으로 구과(毬果)라는 뜻이다. 구과란 털이 나 있는 둥근 열매를 말한다.

생태적 특성

스트로브잣나무 이름은 스트로브란 학명에서 따온 것으로 구과(毬果)라는 뜻이다. 구과란 털이 나 있는 둥근 열매를 말한다. 영어명은 White Pine이며, 잎이 5개로 밀생하여 미국오엽송이라고도 한다. 또 북미교송(北美僑松), 가는잎소나무라는 별칭도 있다.

상록침엽교목으로 높이는 25m 이상이고 지름은 1m이다. 수형은 원추형이고 수피는 회녹색이다. 5개씩 속생하는 침엽은 길이가 6~14cm이고 잔톱니가 있으며 청록색이다. 다른 소나무 잎과는 달리 매우 부드러운 것이 특징이라고 할 수 있다. 꽃은 5월에 가지 선단에 1~3개가 모여 핀다.

다른 잣나무와 차이점은 잎이 가늘고 부드럽다는 것이다. 그래서 바람에 잘 흔들리는 경향이 있다. 열매는 이듬해 9월에 익는데 길고 수피가 미끈한 것이 특징이며 식용하지 않는다.

124 / 식나무

- **학명** *Aucuba japonica* Thunb.
- **과명** 층층나무과
- **형태** 상록활엽관목
- **꽃** 3~4월
- **열매** 10~12월

식나무_잎

식나무_수피

식나무_새잎

식나무_암꽃 식나무_수꽃 식나무_열매

우리나라에서는 경기 이남의 해안 및 섬지방의 나무 밑 그늘에서 군생한다. 제주도 거문오름에는 식나무 군락지가 있다.

생태적 특성

가지가 푸르다고 해서 청목(靑木) 등으로도 부르며, 열매가 빨간 대추처럼 열려 산대추라고도 부른다. 이 밖에도 넓적나무, 도엽산호(桃葉珊瑚)라고도 한다.

상록활엽관목으로 높이는 3m 정도이고 새로 나온 가지는 녹색이다. 잎은 마주나고 타원상의 난형 및 타원상의 피침형으로 가장자리에 치아상의 톱니가 있다. 꽃은 암수딴그루로 가지 끝에 원추화서를 이룬다. 수꽃은 수술이 4개이며 암꽃은 1개의 암술만 있고 길이는 5~8cm이다. 꽃잎은 난형으로 3~4월에 핀다. 열매는 타원형으로 10~12월에 붉은색으로 익는다.

125 신갈나무

- **학명** *Quercus mongolica* Fisch. ex Ledeb
- **과명** 참나무과
- **형태** 낙엽활엽교목
- **꽃** 4~5월
- **열매** 9~10월

신갈나무_잎

신갈나무_수피

신갈나무_새순

신갈나무_암꽃

신갈나무_수꽃

신갈나무_열매

신갈나무_씨앗

신갈나무의 '신'은 새롭다는 뜻이다. 또 옛날 나무꾼들이 숲속에서 짚신이 해어지면 이 나무의 잎을 바닥에 깔고 밟았다고 해서 신을 갈았다는 의미로 신갈나무라고 한다는 설도 있다.

생태적 특성

신갈나무의 '신'은 새롭다는 뜻이다. 또 옛날 나무꾼들이 숲속에서 짚신이 해어지면 이 나무의 잎을 바닥에 깔고 밟았다고 해서 신을 갈았다는 의미로 신갈나무라고 한다는 설도 있다. 신갈나무는 돌참나무, 물가리나무라고도 하며, 영어명은 Mongolian Oak이다.

낙엽활엽교목으로 높이는 30m 정도이고 지름이 1m로 오래된 수피는 흑갈색이고 세로로 갈라진다. 잎은 도란형으로 가장자리는 파도 모양이며 잎맥은 7~11쌍이다. 수꽃은 새 가지 기부에서 아래로 처지고, 암꽃은 4~5개 달리며 위를 향하고 5~6월에 핀다. 각두(殼斗)는 견과를 1/2 이하로 감싸며 난형으로 9~10월에 익는다.

126 신나무

- **학명** *Acer tataricum* subsp. *ginnala* (Maxim.) Wesm.
- **과명** 단풍나무과
- **형태** 낙엽활엽소교목
- **꽃** 5월
- **열매** 9월

신나무_잎(앞면)

신나무_수피

신나무_잎(뒷면)

신나무_새잎　　　　　　신나무_꽃　　　　　　신나무_열매

시닥나무, 시다기나무라고도 한다. 한자명은 색목(色木)이라 하는데, 잎을 따서 스님의 법복을 염색하는 데에서 붙여졌다고 한다.

생태적 특성

눈병이 났을 때 줄기를 삶은 물로 씻으면 낫는 나무라 하여 싯나무 또는 신나무라 부르다가 신나무로 되었다고 생각된다. 시닥나무, 시다기나무라고도 한다. 한자명은 색목(色木)이라 하는데, 잎을 따서 스님의 법복을 염색하는 데에서 붙여졌다고 한다.

낙엽활엽소교목으로 높이는 5~8m 정도이고 수피는 흑갈색으로 갈라진다. 잎은 마주나고 난상의 타원형이며 꼬리 모양이다. 가장자리는 아랫부분에서 흔히 3개로 갈라지고 불규칙한 결각과 겹톱니가 있다. 꽃은 잡성화로 가지 끝에 복산방화서를 이루며 5월에 황백색으로 피고 수꽃은 긴 난원형으로 흰색이며 양성화는 흰색 털이 밀생하며 5월에 핀다. 열매는 시과로 황록색이며 날개는 거의 평평하거나 서로 합쳐지는데 마치 말발굽 모양으로 납작한 열매가 주렁주렁 달리며 9월에 익는다.

127 싸리

- **학명** *Lespedeza bicolor* Turcz.
- **과명** 콩과
- **형태** 낙엽활엽관목
- **꽃** 7~8월
- **열매** 10월

싸리_잎

싸리_줄기

싸리_잎차례

싸리_꽃 싸리_열매

우리 옛 조상들은 싸리로 집을 짓고, 싸리를 엮어 싸리문을 만들었으며, 싸릿대를 엮어 울타리를 만들었다. 가지와 줄기로는 농기구와 각종 생활도구를 만들어 썼다.

생태적 특성

싸리는 조록싸리, 해변싸리, 참싸리, 고양싸리와 함께 우리나라 특산식물이다. 좀풀싸리, 좀싸리, 애기싸리, 좀산싸리라고도 하며, 산추(山萩), 소형(小荊), 호지자(胡枝子)로도 불린다.

낙엽활엽관목으로 높이는 2~3m 정도이다. 작은 가지는 마름모꼴의 능선이 있고 암갈색이다. 잎은 삼출엽으로 원형 및 도란형이며, 표면은 진녹색이고 뒷면은 연녹색으로 누운 털이 나 있다. 꽃은 액생 또는 정생의 총상화서에 달리고 꽃대에 밀모가 있다. 꽃은 7~8월에 홍자색으로 핀다. 열매는 넓은 타원형의 협과로 끝이 부리처럼 길고 털이 약간 있는데, 10월에 익는다. 종자는 콩팥 모양으로 갈색 바탕에 반점이 있다.

싸리는 척박한 야산에 지천으로 자생하는 조그마하고 보잘것없는 나무지만 쓰임새가 아주 많은 나무로 유명하다. 우리 옛 조상들은 싸리로 집을 짓고, 싸리를 엮어 싸리문을 만들었으며, 싸릿대를 엮어 울타리를 만들었다.

128 아까시나무

- **학명** *Robinia pseudoacacia* L.
- **과명** 콩과
- **형태** 낙엽활엽교목
- **꽃** 5~6월
- **열매** 10월

아까시나무_잎

아까시나무_수피

아까시나무_줄기에 난 가시

양버즘나무_암꽃

양버즘나무_수꽃

양버즘나무_열매(성숙)

양버즘나무_새잎

수피가 박편처럼 벗겨지는 모양이 버짐 같다 하여 버즘나무라 하며 플라타너스, 아메리카플라타너스, 쥐방울나무, 양방울나무 등으로도 불린다.

생태적 특성

수피가 박편처럼 벗겨지는 모양이 꼭 버짐과 같다 하여 버즘나무라 하며, 양버즘나무는 서양 버즘나무라는 뜻이다. 일구현령목(一球懸鈴木), 미국오동(美國梧桐)이라고도 하며 플라타너스, 아메리카플라타너스, 쥐방울나무, 양방울나무 등으로도 불린다.

낙엽활엽교목으로 높이는 $30m$ 이상이고 지름이 $1m$ 정도이다. 암갈색의 수피는 세로로 갈라지면서 박편상으로 떨어진다. 잎은 길이 $10~20cm$, 너비 $10~22cm$의 광란형으로 가장자리가 3~5개로 깊게 갈라져 있는데 중앙의 열편은 길이와 넓이가 비슷하다. 잎자루는 기부에서 어린 겨울눈을 감싸고 있다. 수꽃은 액상화서, 암꽃은 정생화서에 달리며 4~5월에 핀다. 구형의 두상화서는 1개(드물게 2개)이다. 열매는 1개가 달려 있으며 9~10월에 익는데 이듬해 봄까지 달려 있다.

131 연필향나무

학명 *Juniperus virginiana* L.
과명 측백나무과
형태 상록침엽교목
꽃 4~5월
열매 이듬해 10월

연필향나무_잎

연필향나무_수피

연필향나무_열매

오동나무_꽃

오동나무_열매(미성숙)

오동나무_열매(성숙)

옛날에 딸을 낳으면 시집갈 때 장롱을 만들어 주기 위해서 오동나무를 심었다고 한다. 빨리 자라기도 하지만 재목이 회백색 또는 은백색으로 탄력성과 광택이 있어 가구 재료로 으뜸이었기 때문이다.

생태적 특성

옛날에 딸을 낳으면 시집갈 때 장롱을 만들어주기 위해서 오동나무를 심었다고 한다. 특히 오동나무로는 거문고나 가야금 등을 만드는데, 소리를 전하는 성질이 뛰어나며 품격도 높다.

낙엽활엽교목으로 높이는 15m에 달한다. 잎은 마주나고 달걀 모양의 원형이지만 오각형에 가깝다. 잎은 길이가 15~23cm, 너비가 12~29cm이다. 뒷면에 갈색 성모가 있다. 어린잎에는 톱니가 있다. 꽃은 5~6월에 가지 끝의 원추꽃차례를 이루며 보라색으로 달리며 꽃받침은 5개로 갈라진다. 열매는 삭과로 달걀 모양이고 끝이 뾰족하며 10~11월에 3cm 길이로 익는다.

134 오리나무

- **학명** *Alnus japonica* (Thunb.) Steud.
- **과명** 자작나무과
- **형태** 낙엽활엽교목
- **꽃** 3~4월
- **열매** 10월

오리나무_잎

오리나무_수피

오리나무_열매

오리나무_암꽃   오리나무_수꽃

옛날에 5리마다 이 나무를 심어놓고 이정표로 삼았기에 오리나무라는 이름이 붙여졌다. 또 나무껍질이나 열매를 삶으면 타닌 성분으로 붉은색 물감을 만들 수 있어 물감나무라고도 한다.

생태적 특성

낙엽활엽교목으로 높이는 20m이고 지름이 70cm이다. 수피는 자갈색이며 겨울눈은 대가 있고 3개의 능선이 있다. 잎은 도란상의 타원형 및 피침형이며 양면에 광택이 있고 뒷면 맥 사이에 털이 있으며 측맥은 잔톱니가 있다. 수꽃은 가지 선단에 2~5개가 모여 아래로 처지며, 암꽃은 긴 난형으로 2개씩 달리고 3~4월에 핀다. 소견과는 타원형으로 날개는 뚜렷하지 않으며 10월에 익는다.

우리나라와 중국, 일본, 러시아 등지에 분포한다. 우리나라 전국 해발 50~1200m에 자생한다. 비옥한 하천변, 계곡 등에서 잘 자라며 어려서는 그늘에서도 잘 자라나 크면서 햇빛을 좋아하고 생장속도가 빠르며 수명도 긴 편이다. 추위에 잘 견디며 맹아력도 강하여 해안지방이나 도심지에서 잘 자라는 나무이다.

135 오미자

학명 *Schisandra chinensis* (Turcz.) Baill.
과명 오미자과
형태 낙엽활엽덩굴성 목본
꽃 5~6월
열매 9~10월

오미자_잎

오미자_수피

오미자_암꽃

오미자_수꽃

오미자_열매(미성숙)

오미(五味)는 열매가 단맛, 신맛, 매운맛, 쓴맛, 짠맛으로 다섯 가지 맛을 낸다고 해서 붙여진 이름이다. 그러나 사실 신맛이 절반 정도를 차지해 시큼한 것이 특징이다.

오미자_열매(성숙)

생태적 특성

오미(五味)는 이 나무의 열매가 단맛, 신맛, 매운맛, 쓴맛, 짠맛으로 다섯 가지 맛을 낸다고 해서 붙여진 이름이다. 그러나 사실 신맛이 절반 정도를 차지해 시큼한 것이 특징이다.

낙엽활엽덩굴성 목본으로 길이는 10m까지 자란다. 작은 가지는 홍갈색이며 오래된 가지는 회갈색이고 조각편으로 떨어진다. 잎은 타원형 및 도란형으로 어긋나고 가장자리는 드문드문 잔톱니상이다. 꽃은 붉은빛이 도는 황백색으로 5~6월에 핀다. 구형의 장과는 붉은 색으로 익으며 9~10월에 이삭이나 곡식의 모양인 수상으로 달리며 1~2개의 씨가 들어 있다. 열매는 붉은 빛깔의 포도송이처럼 달리는 데 식용 또는 약용한다. 오미자의 껍질은 달콤하고 살은 시며, 씨는 맵고 쓰고 떫은맛이 나며, 잘 익은 열매는 단맛이 나고 독특한 향기가 난다.

136 옻나무

- **학명** *Rhus verniciflua* Stokes
- **과명** 옻나무과
- **형태** 낙엽활엽교목
- **꽃** 5~6월
- **열매** 9~10월

옻나무_잎

옻나무_수피

옻나무_잎과 줄기

옻나무_암꽃　　　　　　옻나무_수꽃　　　　　　옻나무_열매

학교 교실에 있는 칠판은 옻칠을 한 판이라 하여 칠판(漆板)이라 한다. 또 칠흑 같은 밤을 칠야(漆夜)라고 하는데, 이는 컴컴한 밤이 마치 옻의 칠처럼 검어서 비유된 것이다.

생태적 특성

옻나무는 옷나무, 참옷나무라고도 하고 칠수(漆樹), 칠(漆), 간칠(干漆), 산칠(山漆) 등으로도 불린다. 낙엽활엽교목으로 높이는 12m 정도이고 수피는 회백색이며 작은 가지는 굵고 회황색이다. 원산지에서는 20m까지 자란다. 야산에서는 대개 수미터 정도이나 상당히 크게 자라는 나무임을 알 수가 있다. 잎은 9~11개의 소엽으로 된 기수우상복엽으로 어긋나고 소엽은 난형 및 난상의 타원형으로 가장자리는 밋밋하며 양면에 털이 있다. 꽃은 잡성으로 액생하는 원추화서에 달리며 꽃차례에 털이 있고 연한 녹황색으로 5~6월에 핀다. 열매는 편평한 원형의 핵과이며 연한 황색으로 9~10월에 익으며 광택이 있으나 털이 없다.

137 왕머루

- **학명** *Vitis amurensis* Rupr.
- **과명** 포도과
- **형태** 낙엽활엽덩굴성 목본
- **꽃** 5~6월
- **열매** 9~10월

왕머루_잎(앞면)

왕머루_새순

왕머루_잎(뒷면)

왕머루_암꽃　　　　　왕머루_수꽃　　　　　왕머루_열매

머루와 왕머루는 매우 흡사하여 구별하기 힘든데, 잎 뒷면에 적갈색 털이 있으면 머루, 그렇지 않으면 왕머루이다.

생태적 특성

산에서 자라는 머루에는 왕머루, 새머루, 개머루, 까마귀머루 등이 있는데, 보통 머루라고 하면 새머루나 왕머루를 통틀어 이르는 말이다. 이 중에서도 특히 왕머루를 흔히 머루라고 부르는 경우가 많다. 머루 중에서는 열매가 크다고 해서 왕머루라고 한다. 머루와 왕머루는 매우 흡사하여 구별하기 힘든데, 잎 뒷면을 보면 구분이 가능하다. 그곳에 적갈색 털이 있으면 머루, 그렇지 않으면 왕머루이다. 지방에 따라 멀구넝굴(경상도), 머래순(황해도), 잔털왕머루, 머루, 털새머루, 제주새머루 등으로도 불린다.

낙엽활엽덩굴성 목본으로 줄기는 10m 정도이고 작은 가지는 홍색으로 면모(綿毛)가 있고 수피는 암갈색으로 된다. 잎은 어긋나며 넓은 난형이고 가장자리는 3~5개로 갈라지며 각 열편에는 작은 치아상 톱니가 있고 뒷면 맥 위에 털이 있다. 꽃은 암수딴그루로 잎과 마주나며 원추화서를 이룬다. 꽃차례에는 흰색 털이 있다. 꽃은 작은데, 암꽃은 5개의 퇴화된 수술이 있으며 수꽃은 술잔 모양의 꽃받침통이 있다. 꽃은 5~6월에 황록색으로 핀다. 열매는 구형의 장과로 9~10월에 검게 익는다.

138 왕벚나무

- **학명** *Prunus yedoensis* Matsum.
- **과명** 장미과
- **형태** 낙엽활엽교목
- **꽃** 3~4월
- **열매** 6월

왕벚나무_잎과 잎차례

왕벚나무_수피

왕벚나무_씨앗

왕벚나무_암꽃　　　왕벚나무_수꽃　　　왕벚나무_열매

1908년 서귀포에 거주하던 프랑스 신부 타케가 한라산에서 채집한 것을 장미과의 권위자인 쾨네 교수에게 소개하면서 왕벚나무의 원산지가 우리나라라는 사실이 밝혀졌다.

생태적 특성

낙엽활엽교목으로 높이는 15m 정도이고 지름이 50cm이다. 수피는 회갈색 또는 암갈색이다. 잎은 어긋나고 난형 및 도란형으로 뒷면 맥 위와 자루에 털이 있으며 가장자리에는 겹톱니가 나 있다. 꽃은 3~5개가 산형상의 총상화서를 이루며 흰색 또는 연한 홍색이고, 꽃잎은 타원상의 난형이며 끝이 요형(凹形)으로 3~4월에 잎보다 먼저 핀다. 열매는 구형의 흑색으로 6월에 익는다.

우리나라와 일본에 분포한다. 추위에 약하여 우리나라 중부지방에서는 월동이 어려운 수종이다. 깊고 비옥한 땅에서 잘 자라며 햇빛이 잘 드는 곳에서 꽃이 잘 핀다.

139 용버들

- **학명** *Salix matsudana* f. *tortuosa* Rehder
- **과명** 버드나무과
- **형태** 낙엽활엽교목
- **꽃** 4~5월
- **열매** 5월

용버들_잎

용버들_수피

용버들_새잎

용버들_꽃

작은 가지가 꼬불꼬불해 용과 같은 모습을 하고 있어서 용버들이라는 이름이 붙었다. 고수버들, 파마버들, 꼬부랑버들이라고도 한다.

생태적 특성

작은 가지가 꼬불꼬불해 용과 같은 모습을 하고 있어서 용버들이라는 이름이 붙었다. 고수버들, 파마버들, 꼬부랑버들이라고도 하며, 학명에서 *matsudana*는 중국 식물연구가인 일본인 학자 이름 마쯔다에서 유래한다. 한자로는 운용류(雲龍柳), 용조류(龍爪柳)라고도 한다.

낙엽활엽교목으로 높이는 10m이고 지름이 80cm이다. 수피는 암회색이고 가지는 밑으로 처지며 꾸불꾸불하다. 암수딴그루로 수꽃은 털과 포엽이 있으며 암꽃은 1개의 암술과 2개의 꿀샘이 있고 4~5월에 핀다. 열매는 5월에 익어서 벌어지는데 씨는 털에 싸여 있다.

보통 버들 하면 아름다운 여인을 표현하는 데에 사용하는데, 예를 들면 유미(柳眉)는 미인의 아름다운 눈썹을, 유발(柳髮)은 여인의 아름다운 머리카락을, 유요(柳腰)는 날씬한 미인의 허리를 표현한 것이다.

140 우묵사스레피

- **학명** *Eurya emarginata* (Thunb.) Makino
- **과명** 차나무과
- **형태** 상록활엽관목 또는 소교목
- **꽃** 6월
- **열매** 10월

우묵사스레피_잎

우묵사스레피_수피

우묵사스레피_잎차례

우묵사스레피_암꽃　　우묵사스레피_수꽃　우묵사스레피_열매(미성숙)

열매가 쥐똥 같고 해변에 자생한다고 하여 섬쥐똥나무라고도 하며 개사스레피나무, 갯사스레피나무라고도 한다. 제주도에서는 가스레기낭, 가스룽낭이라고도 부른다.

우묵사스레피_열매(성숙)

생태적 특성

사스레피나무 잎에 비하여 잎 가장자리가 뒤쪽으로 우묵하게 말려 있다고 해서 우묵사스레피나무라는 이름을 얻었다. 열매가 쥐똥 같고 해변에 자생한다고 하여 섬쥐똥나무라고도 하며 개사스레피나무, 갯사스레피나무라고도 한다. 제주도에서는 가스레기낭, 가스룽낭이라고도 부른다.

높이는 2~4m 정도이며, 어긋나는 잎은 2줄로 늘어선다. 잎은 혁질로 두꺼우면서 좁으며 모양은 긴 달걀을 거꾸로 세운 듯하다. 잎의 길이는 1~5cm, 너비는 1~1.2cm이다. 잎끝은 둥글며 가장자리는 젖혀진다. 암수딴그루이며 꽃은 6월에 녹색을 띤 흰색으로 핀다. 잎겨드랑이에 집중되어 피며, 지름은 4~5mm 정도이다. 장과의 열매는 지름 7~10mm 정도이며, 10월에 자줏빛을 띤 검은색으로 익는다.

141 유자나무

- **학명** *Citrus junos* Siebold ex Tanaka
- **과명** 운향과
- **형태** 상록활엽소교목
- **꽃** 5~6월
- **열매** 10~11월

유자나무_잎

유자나무_수피

유자나무_꽃봉오리

유자나무_꽃

유자나무_열매(미성숙) 유자나무_열매(성숙) 유자나무_씨앗

유자는 비타민 C가 듬뿍 들어 있어서 감기에 아주 좋은 과일로 여긴다. 그래서 차로 많이 만들어 먹는다. 특히 비타민 C는 레몬보다도 무려 세 배나 많다고 한다.

생태적 특성

유자나무는 한자 유자(柚子)에서 유래된 이름으로 산유자목(山柚子木)이라고도 부른다. 운향과에 속하며 우리나라와 중국, 일본에 분포한다. 우리나라에서는 전남 등 남부지방에서 재배되고 있다. 귤나무속의 나무들 중에 내한성이 가장 뛰어나다.

상록활엽소교목으로 높이는 4m 정도이고 가지에 뾰족한 가시가 있다. 잎은 긴 난상의 타원형으로 가장자리에 둔한 톱니가 있고 잎자루에 넓은 날개가 있다. 꽃은 흰색으로 엽액에 1개씩 달리고 5~6월에 핀다. 열매는 편구형으로 외피는 울퉁불퉁하며 향기가 있고 신맛이 강하며 10~11월에 황색으로 익는다.

142 으름덩굴

- **학명** *Akebia quinata* (Houtt.) Decne.
- **과명** 으름덩굴과
- **형태** 낙엽활엽덩굴성 목본
- **꽃** 4~8월
- **열매** 10월

으름덩굴_잎

으름덩굴_수피

으름덩굴_새잎

으름덩굴_꽃봉오리

으름덩굴_암꽃

으름덩굴_수꽃

으름덩굴_어린 열매

으름덩굴_열매(성숙)

으름덩굴_씨앗

제주도에서는 밤이나 상수리가 충분히 익은 상태 또는 그 열매를 아람이라고 하는데, 이 아람이 벌어진 것이 전복이 입을 벌린 모양과 비슷하여 전복을 으름이라고 불렀다고도 한다.

생태적 특성

낙엽활엽덩굴성 목본으로 길이 5m 정도 자란다. 잎은 새로 난 가지에서는 어긋나며 오래된 가지에서는 모여나고, 소엽은 5개로 긴 타원형이며 양면 모두 털이 없으며 가장자리는 밋밋하다. 암수한그루로 작은 수꽃은 위쪽에 많이 달리고 암꽃은 크며 아래쪽에 적게 달린다. 꽃은 자홍색으로 4~8월에 잎과 함께 피며 골돌상 열매는 장과로서 마치 작은 바나나 모양의 긴 타원형이며 10월에 자갈색으로 익으면서 벌어지는데 껍질이 매우 두껍다.

143 은단풍

- **학명** *Acer saccharinum* L.
- **과명** 단풍나무과
- **형태** 낙엽활엽교목
- **꽃** 3월
- **열매** 5~6월

은단풍_잎

은단풍_수피

은단풍_잎차례

은단풍_암꽃 은단풍_수꽃 은단풍_열매

> 은단풍은 잎의 뒷면이 은백색이라서 붙여진 명칭이다. 잎 앞면은 짙은 초록이다. 단풍잎은 다 붉다고 여기지만 그렇지가 않다.

생태적 특성

단풍나무는 여러 종류가 있는데, 은단풍은 잎의 뒷면이 은백색이라서 붙여진 명칭이다. 잎 앞면은 짙은 초록이다. 단풍잎은 다 붉다고 여기지만 그렇지가 않다.

수피는 회색빛을 띤 갈색으로 높이는 약 $40m$, 지름이 $1m$에 이른다. 줄기는 곧게 뻗고 마주나는 잎은 단풍나무 잎 특유의 다섯 개로 갈라진다. 갈라진 조각 가장자리에는 겹톱니가 있으며, 중간의 조각은 다시 3가닥으로 갈라진다. 암수딴그루로 꽃은 3월에 잎보다 먼저 피는데, 노란빛을 띤 녹색이라서 잎과 쉽게 구분이 가진 않는다. 또 워낙 키가 커서 꽃을 보기가 쉽지 않다. 열매는 시과로 거꾸로 된 달걀 모양이다. 열매에는 날개가 있으며 밑으로 처진다. 다른 단풍나무와는 다르게 열매가 일찍 성숙한다.

144 은사시나무

학명 *Populus tomentiglandulosa* T. B. Lee
과명 버드나무과
형태 낙엽활엽교목
꽃 4월
열매 5월

은사시나무_잎

은사시나무_수피

은사시나무_잎차례

은사시나무_암꽃

은사시나무_수꽃

은사시나무_열매

사시나무의 한 종류로 사시나무와 은백양 사이의 자연교잡종이다. 생장이 빠르고 습기가 많은 곳에서 잘 자라서 1960년대 제1한강교 아래 고수부지에 조림용으로 많이 심었다.

생태적 특성

낙엽활엽교목으로 높이는 20m이고 지름은 60cm이다. 수피는 푸르스름한 흰빛이 돌며 다이아몬드 또는 마름모꼴을 하고 있어 언뜻 보면 자작나무의 수피와 비슷하게 생겼다. 잎은 난형 및 타원형으로 서로 어긋나게 나 있고 끝이 뾰족하다. 암수딴그루이며 꽃은 4월에 핀다. 이삭처럼 작은 열매가 달린 암꽃차례는 길이 5cm로 100개 정도의 열매가 달리며 5월에 익는다.

생장이 빠르고 습기가 많은 곳에서 잘 자라기 때문에 1960년대 당시 제1한강교(지금의 한강대교) 아래 고수부지에 조림용으로 많이 심었던 나무이다. 목재는 흰빛으로 가볍고 연하여 잘 갈라지고 뒤틀려서 재질은 좋지 않은 편으로 주로 성냥갑, 상자재, 나무젓가락, 일회용 나무도시락 등으로 사용하는데 지금은 성냥이나 일회용 도시락을 사용하지 않아 이 나무의 용도가 줄어들었다.

145 은행나무

학명 *Ginkgo biloba* L.
과명 은행나무과
형태 낙엽침엽교목
꽃 4~5월
열매 9~10월

은행나무_잎

은행나무_수피

은행나무_새순

은행나무_겨울눈

은행나무_암꽃

은행나무_수꽃

은행나무_열매

은행나무_씨앗

고생대에 나타나 중생대에 번성하고 여러 차례 빙하기를 겪으면서도 살아남아 흔히 '살아 있는 화석'이라고 부른다.

생태적 특성

은행나무는 낙엽침엽교목으로 원산지는 중국이며, 암수딴그루이다. 은행이라는 이름은 열매가 살구를 닮았고 은빛이 돈다고 해서 붙여진 것이다. 그 모양을 중국에서는 오리발로 생각해서 압각수(鴨脚樹)라고 불렀으며, 한번 심으면 손자 대에서나 열매를 얻을 수 있다고 해서 공손수(公孫樹), 행자목(杏子木)이라고도 한다.

암나무에 열매가 열리려면 인근에 수나무가 꼭 있어야 한다. 길가에 서 있는 은행나무를 보면 어떤 것이 암나무이고 수나무인지 헷갈리는데, 우선 암나무는 수형이 평퍼짐하고 가지가 안쪽으로 휘는 경향이 있다. 이에 반해 수나무는 날씬하고 가지가 곧게 뻗는다. 그러나 키가 크지 않은 은행나무는 열매가 맺히는 것을 보지 않고는 암수를 구분하기 어렵다.

146 음나무

- **학명** *Kalopanax septemlobus* (Thunb.) Koidz.
- **과명** 두릅나무과
- **형태** 낙엽활엽교목
- **꽃** 7~8월
- **열매** 10월

음나무_잎

음나무_수피

음나무_새순

음나무_겨울눈

음나무_암꽃 음나무_수꽃 음나무_열매

음나무_어린 줄기와 가시

엄나무라고도 하고 개두릅나무, 멍구나무, 당음나무, 털음나무, 엉개나무, 큰엄나무, 당엄나무, 털엄나무 등 여러 가지 이름으로 불린다.

생태적 특성

음나무는 줄기에 가시가 날카롭게 나 있어 엄(嚴)하게 보인다 해서 엄나무라고 하던 것이 음나무로 바뀌었다. 엄나무라고도 하고 개두릅나무, 멍구나무, 당음나무, 털음나무, 엉개나무, 큰엄나무, 당엄나무, 털엄나무 등 여러 이름으로 불린다. 오동나무와 비슷하나 가시가 나 있다 하여 자동(刺桐), 가시가 있는 개오동나무라 하여 자추(刺楸), 가시가 엄하게 보인다 하여 엄목(嚴木), 오동나무 잎을 닮았으며 바닷가에서 잘 자라서 해동목(海桐木)이라고도 한다.

낙엽활엽교목으로 높이는 25m 정도이고 지름 1m에 달한다. 수피는 흑갈색으로 불규칙하게 세로로 갈라지며 가지에 가시가 많다. 잎은 어긋나며 둥글고 손바닥 모양으로 갈라지며 톱니가 있고 잎자루가 길다. 꽃은 양성화로 산형화서에 달리며 황록색으로 7~8월에 핀다. 열매는 둥글며 10월에 검은색으로 익는다.

147 이팝나무

- **학명** *Chionanthus retusus* Lindl. & Paxton
- **과명** 물푸레나무과
- **형태** 낙엽활엽교목
- **꽃** 5~6월
- **열매** 9~10월

이팝나무_잎

이팝나무_수피

이팝나무_새잎

이팝나무_꽃　　　이팝나무_열매　　　이팝나무_열매와 잎

옛날 이 나무에 치성을 드리면 풍년이 든다고 믿었는데, 꽃이 피는 모습을 보고 풍년인지 흉년인지 알아보기도 했다. 절기상으로 입하(立夏) 무렵에 꽃을 피우기 때문에 이팝나무라고 했다고도 한다.

생태적 특성

봄철 도심의 길을 걷노라면 흰 쌀밥을 가지 끝에 올려놓은 듯한 나무들을 종종 볼 수 있다. 그대로 뭉치면 주먹밥이 될 것도 같다. 꽃이 흰 쌀밥(이밥)같이 보여서 이팝나무라고 한다. 다른 유래도 있는데, 절기상으로 입하(立夏) 무렵에 꽃을 피우기 때문에 이팝나무라고 했다고도 한다.

낙엽활엽교목으로 높이는 25m에 이른다. 수피는 회갈색이며 불규칙하게 세로로 갈라진다. 잎은 마주나며 긴 타원형 또는 도란형이다. 잎 가장자리는 밋밋하나 어릴 때에는 겹톱니가 나 있기도 하다. 암수딴그루로 꽃은 5~6월에 새 가지 끝에 하얗게 달린다. 열매는 9~10월에 검푸른색으로 익으며 타원형이다.

148 인동덩굴

학명 *Lonicera japonica* Thunb.
과명 인동과
형태 반상록활엽덩굴성 목본
꽃 6~7월
열매 9~10월

인동덩굴_잎

인동덩굴_수피

인동덩굴_꽃봉오리

일본잎갈나무_어린 열매   일본잎갈나무_열매   일본잎갈나무_전년도 열매

잎갈나무란 잎을 간다는 뜻으로, 즉 낙엽으로 떨어지고 해마다 새로운 잎이 나는 나무라는 의미이다. 그런 까닭에 잎이 소나무처럼 침형이지만 낙엽송이라고도 불린다.

생태적 특성

잎갈나무란 잎을 간다는 뜻으로, 즉 낙엽이 떨어지고 해마다 새로운 잎이 나는 나무라는 의미이다. 그런 까닭에 잎이 소나무처럼 침형이지만 낙엽송이라고도 불린다. 이깔나무라는 별칭도 있다.

낙엽침엽교목으로 높이는 30m 정도이며 지름은 1m 정도이다. 그러나 원산지의 나무는 이보다 훨씬 커서 높이가 60m까지 자라기도 한다. 수피는 회갈색이며 얇은 조각으로 벗겨진다. 어린 가지에는 털이 있고 밑으로 퍼진다. 잎은 진녹색으로 40~50개가 촘촘한 가지에 모여 난다. 꽃은 4~5월에 피는데 수꽃은 구형이고 암꽃은 타원형이다. 열매는 녹색을 띤 황갈색 타원형이며 실편은 30~40개이고 끝이 뒤로 젖혀진다. 씨는 도란형으로 날개가 있으며 9~10월에 익는다.

151 잎갈나무

- **학명** *Larix olgensis* var. *koreana* (Nakai) Nakai
- **과명** 소나무과
- **형태** 낙엽침엽교목
- **꽃** 5~6월
- **열매** 9~10월

잎갈나무_잎

잎갈나무_수피

잎갈나무_전년도 열매

잎갈나무_암꽃   잎갈나무_수꽃   잎갈나무_열매

소나무나 전나무 등 침엽수는 대부분이 상록수이다. 하지만 낙엽을 떨구는 침엽수도 더러 있다. 잎갈나무가 대표적인데, 소나무처럼 생겼으면서도 가을에 주황색으로 바래는 모습을 보면 이색적이다.

생태적 특성

잎갈나무는 소나무과에 속하는 낙엽침엽교목으로 높이는 35m, 지름은 1m까지 성장한다. 가지는 수평으로 자라거나 밑으로 처지며, 수피는 회갈색으로 불규칙하게 갈라져 벗겨진다. 잎은 솔잎처럼 바늘 모양인데 길이는 1.5~3cm, 너비는 1~1.5mm이다. 잎은 흩어져 나기도 하고 모여 나기도 한다.

꽃은 암수한그루로 5~6월에 짧은 가지 끝에서 피고, 열매는 9~10월에 솔방울처럼 달린다. 솔방울은 길이가 1.5~3.5cm, 지름이 1.5~2.5cm 정도이며, 솔방울의 조각은 25~40개쯤 된다. 다갈색으로 끝이 뒤로 젖혀지지 않는 것이 일본잎갈나무와의 차이점이다.

152 자귀나무

학명 *Albizia julibrissin* Durazz.
과명 콩과
형태 낙엽활엽소교목 또는 교목
꽃 6~7월
열매 9~10월

자귀나무_잎

자귀나무_수피

자귀나무_포개진 잎

자귀나무_꽃봉오리 자귀나무_꽃 자귀나무_열매

밤에 잎이 포개져 있는 모양이 마치 귀신이 잠을 자는 것 같아서 '잠자는 귀신'이라는 뜻으로 자귀나무라고 했다는 이야기가 전해진다.

생태적 특성

낙엽활엽소교목 또는 교목으로 높이는 3~5m 정도인데 열대 지역에서는 16m까지 자라는 교목이다. 작은 가지는 녹갈색이고 능선이 있다. 잎은 우수 2회 우상복엽으로 10~30쌍의 소엽이 있고 소엽은 원줄기를 향해 굽으며 좌우가 같지 않은 긴 타원형이다. 꽃은 가지 끝에 15~20개가 산형상으로 달린다. 작은 꽃자루는 없고 화관은 담홍색으로 6~7월에 마치 공작처럼 피어나는데 꽃받침 잎은 녹색이다. 열매는 납작한 모양의 협과로 5~6개의 씨가 들어 있는데 이듬해까지 그대로 달려 있다.

넓게 퍼진 가지 모양 때문에 나무의 모양이 풍성하게 보이고, 특히 꽃이 활짝 피었을 때는 짧은 분홍 실을 마치 부챗살처럼 펼쳐 놓은 듯해 매우 아름답다. 잎은 낮에는 옆으로 퍼지나 밤이나 흐린 날에는 접혀서 포개지며 아침이 되면 떨어지는 수면운동을 한다.

153 자금우

- **학명** *Ardisia japonica* (Thunb.) Blume
- **과명** 자금우과
- **형태** 상록활엽소관목
- **꽃** 5~6월
- **열매** 9~이듬해 2월

자금우_잎(앞면)

자금우_수피

자금우_잎(뒷면)

자금우_꽃봉오리　　　자금우_꽃　　　자금우_열매

지길자(地桔子), 왜각장(矮脚樟), 노물대(老勿大)라고도 한다. 열매는 9월에 붉은색으로 익는데 이듬해 2월까지 붙어 있다. 열매는 새들의 좋은 먹이가 된다.

생태적 특성

지길자(地桔子), 왜각장(矮脚樟), 노물대(老勿大)라고도 한다.

상록활엽소관목으로 높이는 20~30㎝ 정도이고 줄기는 옆으로 기면서 자란다. 잎은 마주나거나 또는 돌려나며 타원형 및 난형으로 가장자리에는 톱니가 있다. 꽃은 양성화로 2~5개가 액생하는 산형화서를 이루며 아래로 처지고 꽃차례에 선모가 있다. 화관은 5갈래로 갈라지며 열편은 난형으로 흰색이나 흑색 선점이 있고 흰색으로 5~6월에 핀다. 열매는 장과상의 편구형으로 9월에 붉은색으로 익는데 이듬해 2월까지 붙어 있다. 열매는 새들의 좋은 먹이가 되어 멀리 번식한다.

154 자두나무

학명 *Prunus salicina* Lindl.
과명 장미과
형태 낙엽활엽소교목
꽃 4월
열매 7~8월

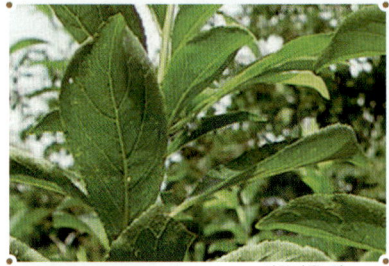

자두나무_잎

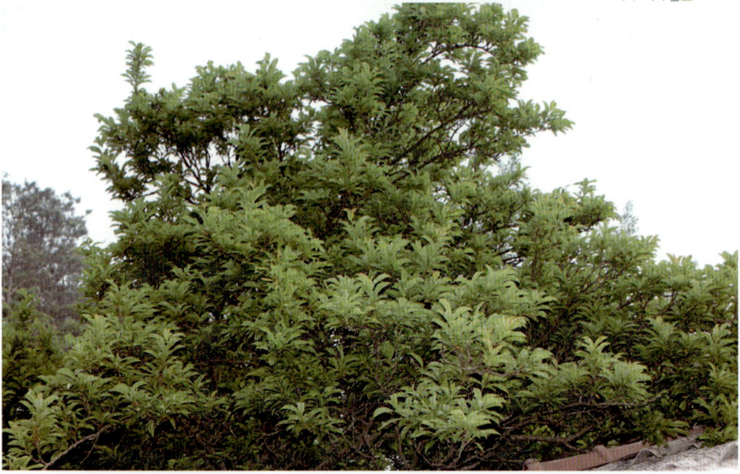

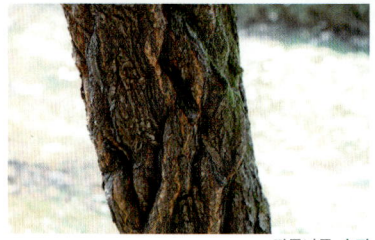

자두나무_수피

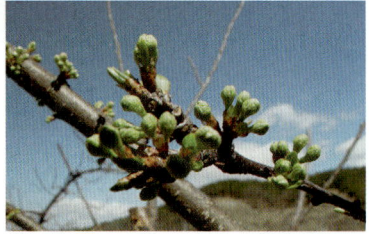

자두나무_꽃봉오리

자두나무_꽃   자두나무_어린 열매   자두나무_열매

앵도나 살구처럼 집 근처에 심는 나무로, 이 세 수종은 서로 비슷한 점이 많다. 모두 장미과로, 꽃잎이 5개이고 잎보다 먼저 꽃이 피는 특징이 있다.

생태적 특성

자두나무는 오얏나무, 자도나무라고도 한다. 그런데 본래 자두는 자주색 복숭아를 뜻하는 한자 자도(紫桃)에서 유래한다. 앵도나무, 살구나무처럼 집 근처에 심는 나무로, 이 세 수종은 서로 비슷한 점이 많다. 모두 다 장미과로, 꽃잎이 5개이고 잎보다 먼저 꽃이 피는 특징이 있다.

낙엽활엽소교목으로 높이는 10m이고 작은 가지는 적갈색이다. 잎은 어긋나며 도란형으로 가장자리에 둔한 톱니가 나 있다. 꽃은 잎보다 먼저 흰색으로 4월에 피며 대개 3개씩 달리고 열매는 난상의 원형 및 구형으로 황색 또는 적자색으로 7~8월에 익는다.

155 자목련

- **학명** *Magnolia liliiflora* Desr.
- **과명** 목련과
- **형태** 낙엽활엽교목
- **꽃** 4~5월
- **열매** 9월

자목련_잎

자목련_수피

자목련_꽃봉오리

자목련_꽃　　　자목련_열매(미성숙)　　　자목련_열매(성숙)

까치꽃나무라는 예쁜 별칭이 있다. 이른 봄에 꽃이 피며, 주로 사찰 주변에 많이 심는다. 특히 범어사에는 우리나라에서 가장 오래된 것으로 추정되는 자목련이 자라고 있다.

생태적 특성

자목련은 자주색의 꽃이 피는 목련이라는 뜻이다. 자옥란(紫玉蘭)이라고도 불리고, 까치꽃나무라는 예쁜 별칭도 있다.

낙엽활엽교목으로 높이는 15m 정도이다. 수피는 회갈색이고 작은 가지는 자갈색이다. 잎은 타원상의 도란형으로 뒷면 맥 위에 짧은 털이 있다. 꽃잎은 6개로 겉은 진한 자주색이고 안쪽은 연자주색이다. 꽃잎의 모양은 피침형으로 잎과 동시에 4~5월에 핀다. 열매는 난상 타원형의 골돌과로 9월에 갈색으로 익는다.

자목련이 일반 목련과 다른 점은 보통 목련은 잎보다 꽃이 먼저 피나, 자목련은 동시에 피기도 하고 자목련의 잎이 보통 목련의 잎보다 약간 작다는 것이다.

156 자작나무

- **학명** *Betula platyphylla* var. *japonica* (Miq.) H. Hara
- **과명** 자작나무과
- **형태** 낙엽활엽교목
- **꽃** 4~5월
- **열매** 9~10월

자작나무_잎

자작나무_수피

자작나무_열매

자작나무_암꽃   자작나무_수꽃

> 자작나무라는 이름은 껍질을 얇게 벗겨내어 불을 붙이면 나무껍질의 기름 성분 때문에 자작자작 소리를 내며 잘 탄다고 해서 붙여졌다.

생태적 특성

자작나무라는 이름은 껍질을 얇게 벗겨내어 불을 붙이면 나무껍질의 기름 성분 때문에 자작자작 소리를 내며 잘 탄다고 해서 붙여졌다. 숲속의 귀족 또는 여왕 등으로도 불린다.

낙엽활엽교목으로 높이는 $20m$ 정도이고, 잎은 삼각상의 난형이다. 암수한그루로 수꽃은 이삭 모양으로 아래로 늘어지고, 암꽃은 위로 서며 4~5월에 핀다. 열매는 아래로 처지고 열매의 날개가 씨의 폭보다 넓고 9~10월에 익는다.

자작나무의 껍질은 흰 종이처럼 벗겨지며 몇 겹으로 싸여 있고 잘 썩지 않으며 방수효과가 있어 백두산 근처의 너와집 지붕으로 많이 사용되었다. 또 화피(樺皮)라 하여 종이가 없던 시절에는 종이 대용으로 쓰기도 했으며, 화건(樺巾)이라는 두건을 만들어 쓰기도 하고 두꺼우면서도 부드러워 신발의 뒤창에 붙여 사용하기도 하며 칼집, 말안장 등에도 사용했다.

157 잣나무

- **학명** *Pinus koraiensis* Siebold & Zucc.
- **과명** 소나무과
- **형태** 상록침엽교목
- **꽃** 5월
- **열매** 이듬해 9~10월

잣나무_잎

잣나무_수피

잣나무_열매(1년생)

잣나무_열매(2년생)

잣나무_암꽃　　잣나무_수꽃(개화 전)　　잣나무_수꽃　잣나무_새순

옛말에 '송백(松柏)의 절개'라는 말이 있다. 이는 소나무와 잣나무를 변하지 않는 지조나 절개로 본 것이다. 송무백열(松茂栢悅)이라는 말도 있는데, 이는 소나무가 무성함을 잣나무가 기뻐한다는 뜻이다.

생태적 특성

상록침엽교목으로 높이는 30m 정도이고 지름은 1m까지 자라는데 우리나라 전역의 해발 300~1,900m에서 분포한다. 한대성 나무로 추운 곳에서 잘 자라므로 중부 이북지방에서는 300m 이상 되는 지역에서 자라지만 남쪽지방에서는 해발 1,000m 이상에 자란다.

비옥한 땅에서 잘 자라나 건조한 땅에서는 잘 자라지 못하며 어릴 때는 그늘에서도 잘 자라지만 크면서 햇빛을 좋아한다. 또한 추위에는 강하나 바닷바람에는 약하다. 심은 후 12년이 지나면 잣이 열린다.

수피는 흑갈색이고 침엽은 5개씩 속생하고 양면에 5~6줄의 백색 기공조선이 있으며 가장자리에는 잔톱니가 있고 엽초는 곧 떨어진다. 꽃은 5월에 피는데, 암꽃은 녹황색, 수꽃은 붉은색이다. 열매는 긴 난형의 원추형으로 실편 끝이 길게 자라 뒤로 젖혀진다. 씨는 실편에 1개씩 열리는데 긴 난형이며 회갈색이고 날개가 없으며 이듬해 9~10월에 익는다.

158 장미

학명 *Rosa hybrida* cv.
과명 장미과
형태 낙엽활엽 또는 활엽반상록성 관목
꽃 5~10월
열매 10~11월

장미_잎

장미_수피

장미_열매

장미_꽃(노란색) 장미_꽃(붉은색) 장미_꽃(흰색)

우리나라에도 야생종 장미가 있다. 찔레꽃이나 돌가시나무, 해당화, 붉은 인가목 등은 야생 장미라고 부를 수 있는 수종들이다.

생태적 특성

장미는 세계적으로 널리 분포된 관상용 식물로 주로 북반구의 한대, 아한대, 온대, 아열대에 분포하는데 자생종만도 약 100종 이상이 있는 것으로 알려져 있다.

우리나라에도 야생종 장미가 있다. 찔레꽃이나 돌가시나무, 해당화, 붉은인가목 등은 야생 장미라고 부를 수 있는 수종들이다. 그리고 오래전부터 중국으로부터 야생종이 들어와 심어졌다.

낙엽활엽 또는 활엽반상록성 관목으로 높이는 $2m$ 정도이다. 잔가지는 적갈색이며 날카로운 가시가 있다. 때로는 샘털이 있다. 잎은 어긋나며 기수우상복엽으로 소엽 5~7개로 이루어져 있다. 꽃은 5~10월에 피지만 사철 피는 품종도 있다. 꽃 색깔은 홍자색, 붉은색, 백색, 연노란색 등 다양하며 겹꽃도 있다. 대개 꽃은 한 개나 몇 개가 가지 끝에 달린다. 겹꽃은 보통 열매를 맺지 않으나 어떤 품종은 둥글고 붉은 열매를 맺기도 한다.

159 전나무

- **학명** *Abies holophylla* Maxim.
- **과명** 소나무과
- **형태** 상록침엽교목
- **꽃** 4월
- **열매** 10월

전나무_잎

전나무_수피

전나무_새잎

전나무_암꽃

전나무_수꽃

전나무_열매

종교개혁자인 마틴 루터가 밤하늘을 향해 우뚝 선 전나무가 마치 하느님에게 경배하는 것처럼 보여 전나무를 자기 집에 세운 뒤에 별과 촛불을 매달아 장식했다고 한다.

생태적 특성

전나무라는 이름은 작은 가지와 잎이 옆으로 퍼져 납작하므로 전(煎)과 같이 착착 포갤 수 있는 나무라는 데에서 유래한다. 나무의 줄기를 자르면 하얀 액이 나와 이 유액을 젓이라 하여 젓나무라고 부르기도 한다. 또 줄기에 흰빛이 돈다고 해서 백송 또는 회목이라고도 하며, 간단히 회(檜) 또는 종목(樅木)이라고도 한다.

상록침엽교목으로 높이는 30m 이상이고 지름은 1m 정도이다. 습기가 있고 비옥한 땅을 좋아하는데 어릴 때는 그늘에서도 잘 자란다. 추위에 강하나 공해에는 약하다. 수피는 흑갈색이며 잎은 선형으로 끝이 매우 뾰족하며 뒷면에 흰색의 숨구멍 줄이 있다. 꽃은 4월에 핀다. 수꽃은 원통형으로 황록색이고 암꽃은 긴 타원형이다. 열매는 원통형이며 실편과 포린은 원형으로 짧고 밖으로 드러나지 않으며 10월에 익는다.

160 정금나무

학명 *Vaccinium oldhamii* Miq.
과명 진달래과
형태 낙엽활엽관목
꽃 6~7월
열매 9월

정금나무_잎(앞면)

정금나무_수피

정금나무_잎(뒷면)

정금나무_꽃 　　　　　　　　　　정금나무_열매

먹을 것이 귀했던 옛날 어린이들은 추석 전후에 산에서 새콤달콤한 정금나무 열매로 허기를 달래기도 했다. 열매로는 정금주라고 하여 술을 빚기도 한다.

생태적 특성

요즘 블루베리가 눈과 뇌에 좋고 노화예방에도 좋다고 하여 큰 인기이다. 블루베리와 비슷한 열매를 맺는 정금나무는 진달래과의 토종 블루베리라고 하면 알맞을 것이다. 서양의 블루베리에 비하면 크기는 작지만 항산화성분이 3배 이상 많다고 알려져 있다. 흔히 조가리나무, 지포나무, 종가리나무라고도 한다.

높이는 2~3m 정도이다. 어린 가지는 회색빛을 띤 갈색이지만 자라면 짙은 갈색으로 변한다. 어긋나는 잎은 타원형이나 긴 타원형이며 달걀 모양도 있다. 잎이 어릴 때에는 붉은빛이 돌며, 양면 맥 위에 털이 있다. 6~7월에 연한 붉은빛을 띤 갈색의 꽃이 총상화서로 달린다. 꽃은 아래를 향하며 종처럼 생긴 화관은 끝이 5개로 갈라진다. 장과의 둥근 열매는 가을에 검은 갈색으로 익는데, 흰 가루로 덮여 있는 것이 특이하다.

161 조록싸리

학명 *Lespedeza maximowiczii* C. K. Schneid.
과명 콩과
형태 낙엽활엽관목
꽃 6~7월
열매 9~10월

조록싸리_잎

조록싸리_수피

조록싸리_잎차례

조록싸리_꽃   조록싸리_꽃차례   조록싸리_열매

우리나라 산에서 아주 흔하게 볼 수 있는 키 작은 나무이다. 향수와 정취를 일으키는 나무로 옛날에는 조록싸리로 만든 게 한두 가지가 아니었다.

생태적 특성

조록싸리라는 이름은 경상남도 방언에서 유래되었으며 참싸리, 통영싸리, 조선목추(朝鮮木萩)라고도 한다.

낙엽활엽관목으로 높이는 1~3m 정도이며 수피는 갈색이고 세로로 갈라지며 작은 가지는 둥글다. 잎은 3출엽으로 마름모꼴이며 뒷면은 잎자루와 더불어 짧은 털이 밀생한다. 꽃은 액생 또는 정생하고 총상화서에 달리며 홍자색으로 6~7월에 핀다. 열매는 넓은 피침형으로 끝이 뾰족하고 꽃받침과 더불어 털이 있으며 9~10월에 익는다.

조록싸리는 우리나라 산에서 아주 흔하게 볼 수 있는 키가 작은 관목이다. 향수와 정취를 일으키는 나무로 옛날에는 조록싸리로 만든 게 한두 가지가 아니었다. 빗자루와 각종 농기구는 물론 생활도구, 수공예품 등을 만들었다.

162 조팝나무

- **학명** *Spiraea prunifolia* for. *simpliciflora* Nakai
- **과명** 장미과
- **형태** 낙엽활엽관목
- **꽃** 4~5월
- **열매** 9월

조팝나무_잎

조팝나무_수피

조팝나무_새잎

조팝나무_꽃   조팝나무_열매(미성숙)   조팝나무_열매(성숙)

조팝나무에는 해열제 및 진통제 성분이 포함되어 있어 버드나무에서 추출한 물질과 함께 아스피린의 원료가 된다.

생태적 특성

조팝나무는 마치 좁쌀을 흩뿌린 듯 꽃이 핀다고 해서 붙여진 것이다. 처음엔 조밥나무라고 부르다가 세게 발음되며 조팝나무가 되었다. 조밥나무라고도 하며, 한자로는 목상산(木常山), 이엽수선국(李葉繡線菊), 압뇨초(鴨尿草), 소엽화(笑靨花)라고 하는데, 목상산은 뿌리를 생약으로 부르는 명칭이다.

낙엽활엽관목으로 높이는 2m 정도 자라고 밑에서 많은 줄기가 나와 큰 포기를 형성하는데, 줄기에는 능선이 있으며 다갈색이다. 잎은 어긋나고 타원형으로 가장자리에 잔톱니가 있다. 꽃은 윗부분의 짧은 가지에 4~5개가 산형상으로 달리고 꽃잎은 5개로 도란형 및 타원형으로 4~5월에 흰색으로 핀다. 열매는 털이 없는 골돌로 9월에 익는다.

163 졸참나무

- **학명** *Quercus serrata* Murray
- **과명** 참나무과
- **형태** 낙엽활엽교목
- **꽃** 5월
- **열매** 9~10월

졸참나무_잎

졸참나무_수피

졸참나무_잎차례

졸참나무_암꽃

졸참나무_수꽃

졸참나무_열매

졸참나무_씨앗

참나무과의 나무 중 도토리가 열리는 나무로 '졸'이라는 이름은 열매와 각두가 작다는 것에서 유래한다. 잎도 참나무류 중에는 가장 작다.

생태적 특성

참나무과의 나무 중 도토리가 열리는 나무로 '졸'이라는 이름은 열매와 각두가 작다는 것에서 유래한다. 잎도 참나무류 중에는 가장 작다. 작은 상수리나무라 하여 한자로는 소상수(小橡樹)라고 부르며 굴밤나무, 가둑나무, 갈졸참나무, 재잘나무 등으로도 불린다.

낙엽활엽교목으로 높이는 25m이고 지름이 1m이다. 줄기는 하나로 곧게 자라고 수피는 회백색이며 세로로 골이 패 있다. 잎은 타원상의 도란형이며 가장자리에는 다소 조밀한 치아상 톱니가 있다. 잎 뒷면에는 단모와 성모가 있고 잎맥은 7~12쌍이다. 수꽃은 새 가지 밑부분에서 아래로 처지고, 암꽃은 위로 곧게 서며 5월에 핀다. 각두는 견과를 1/3 미만을 감싸며 견과는 타원형으로 9~10월에 익는다.

164 종가시나무

- **학명** *Quercus glauca* Thunb.
- **과명** 참나무과
- **형태** 상록활엽교목
- **꽃** 4~5월
- **열매** 10~11월

종가시나무_잎(앞면)

종가시나무_수피

종가시나무_잎(뒷면)

종가시나무_암꽃

종가시나무_수꽃

종가시나무_열매

열매가 종을 닮아 종가시나무라고 하며 사계절 내내 푸르다고 해서 사계청(四季靑)으로도 불린다. 한자로는 가서목(哥舒木)이라고 한다.

생태적 특성

열매가 종을 닮아 종가시나무라고 하며 사계절 내내 푸르다고 해서 사계청(四季靑)으로도 불린다. 제주도에는 가시나무, 가시낭, 버레낭, 속소리라는 토속 이름도 있다. 가시나무를 한자로는 가서목(哥舒木)이라고 한다. 여기에서 '서'는 펼쳐진다는 뜻이므로 이 나무의 특성을 의미한다. 가시나무에 가시가 없는 것이 많으니 바로 이 가서라는 말에서 가시가 온 것이 아닌가 하는 생각이다.

상록활엽교목으로 높이는 15m에 달한다. 수피는 녹색이 나는 회색이다. 어긋나는 잎은 도란형이거나 넓은 타원형이다. 잎의 표면은 윤기가 나며 윗부분에는 톱니가 몇 개 난다. 처음에는 잎이 갈색 털로 덮이나 곧 사라진다. 암수한그루로 4~5월에 꽃이 피는데, 암꽃은 새 가지의 가운데 잎겨드랑이에서 위로 곧게 선다. 이에 비해 수꽃은 다른 가시나무류처럼 밑으로 처진다. 열매는 타원형 또는 난형으로 견과이며 크기는 1.5~2cm이다.

165 주목

학명 *Taxus cuspidata* Siebold & Zucc.
과명 주목과
형태 상록침엽교목
꽃 3~4월
열매 8~9월

주목_잎

주목_수피

주목_잎(뒷면)

주목_암꽃

주목_수꽃

주목_열매

목재는 향기가 좋고 단단해 이용 가치가 높다. 그래서 흔히 주목을 가리켜 '살아서 천 년, 죽어서도 천 년'이라고 표현한다.

생태적 특성

주목(朱木)이라는 이름은 나무껍질과 속이 붉다고 해서 붙여졌다. 소나무와 비슷하게 생겼다고 해서 적백송(赤柏松)이라고도 한다. 이 밖에도 지방에 따라 화솔나무, 노가리, 적목, 경목, 자백송 등 부르는 이름이 다양하다.

주목은 아고산대의 능선이나 사면에서 높이는 20m, 지름은 2m까지 자란다. 가지는 사방으로 퍼져서 나무의 형태가 매우 아름답고, 수피는 붉은빛을 띤 갈색으로 껍질이 살짝 갈라지는 것이 특징이다. 잎은 침엽수답게 줄 모양이며 길이는 1.5~2.5cm이다. 잎의 뒷면에 황록색 줄이 나 있다. 한번 생긴 잎은 2~3년 뒤에 떨어진다. 암수딴그루로 꽃은 3~4월에 잎겨드랑이에 핀다. 암꽃은 연녹색, 수꽃은 연노란색으로 약간 차이가 있다. 열매는 8~9월에 조그만 앵두처럼 달린다.

166 / 주엽나무

- **학명** *Gleditsia japonica* Miq.
- **과명** 콩과
- **형태** 낙엽활엽교목
- **꽃** 6월
- **열매** 10월

주엽나무_잎

주엽나무_수피

주엽나무_가시

주엽나무_꽃봉오리   주엽나무_꽃   주엽나무_열매(미성숙)

《동의보감》에 의하면 주엽나무의 가시는 부스럼을 낫게 하며 나병에 효과가 있고, 열매는 뼈마디를 잘 쓰게 하고 두통을 낫게 하며 가래를 삭이고 기침을 멈추게 한다고 한다.

생태적 특성

생약명으로 열매를 조협(皁莢), 가시를 조각수(皁角樹)라고 하는 데서 유래된 이름이라는 설이 있다. 주엽 또는 쥐엄이 열리는 나무라는 뜻에서 주엽나무 또는 쥐엄나무라는 이름이 붙여졌다는 설도 있다. 또 중국에서는 검은콩의 꼬투리가 달리는 나무라고 하여 조협나무라고 한 것이 주엽나무로 변했다고도 한다. 주엽나무 또는 쥐엽나무라고도 부른다.

줄기에는 가지가 변한 예리한 가시가 있다. 잎은 어긋나고 우수우상복엽으로 소엽은 6~12쌍이며 난상의 타원형으로 끝부분은 둔하고 밑부분은 둥글며 가장자리에 파상의 톱니가 있다. 꽃은 잡성이며 암수한그루로 총상화서에 달리며 황록색으로 6월에 피고, 다른 콩과식물의 꽃과는 달리 나비처럼 생기지 않았다. 협과인 열매는 비틀려서 꼬이고 10월에 익는데, 다 익은 열매는 안쪽 껍질 속에 달콤한 맛이 나는 끈끈한 물질이 있다. 이것을 흔히 주엽이라고 하여 식용한다.

167 중국단풍

학명 *Acer buergerianum* Miq.
과명 단풍나무과
형태 낙엽활엽교목
꽃 4월
열매 9~10월

중국단풍_잎

중국단풍_수피 중국단풍_꽃 중국단풍_열매

한자명은 삼각풍(三角楓), 영어명은 Three-toothed Maple, Trident Maple이다. 이름을 통해 잎끝이 세 갈래로 갈라진 단풍이라는 것을 알 수가 있다.

생태적 특성

중국 단풍나무라는 뜻으로 당단풍나무, 세뿔단풍, 세갈래단풍나무, 메시닥나무라고도 한다. 한자명은 삼각풍(三角楓), 영어명은 Three-toothed Maple, Trident Maple이다. 이를 통해 잎끝이 세 갈래로 갈라진 단풍이라는 것을 알 수가 있다.

낙엽활엽교목으로 높이는 15m 정도이고 수피는 갈색으로 벗겨진다. 잎은 긴 난원형 및 타원형이고 가장자리는 3개로 얕게 갈라진다. 열편은 삼각형으로 밋밋하며 뒷면은 연한 녹색이고 백분으로 덮여 있다. 꽃은 가지 끝에 다수가 모여 산방화서를 이루며 꽃차례에 털이 있고 황록색으로 4월에 핀다. 열매는 시과로 황갈색이고 둔각으로 벌어지며 소견과는 돌출되었으며 9~10월에 익는다.

168 진달래

- **학명** *Rhododendron mucronulatum* Turcz.
- **과명** 진달래과
- **형태** 낙엽활엽관목
- **꽃** 3~4월
- **열매** 10월

진달래_잎

진달래_수피

진달래_열매 꼬투리

진달래_꽃봉오리

진달래_꽃

진달래_열매

달래보다 더 진하다 하여 진달래라고 했다고도 하는데, 꽃을 먹을 수가 있어 참꽃이라고도 하고 진달내, 진달래나무, 참꽃나무, 두견화(杜鵑花)라고도 한다.

생태적 특성

봄이면 산을 분홍빛으로 물들이는 진달래는 국화인 무궁화 못지않게 우리 민족의 꽃이라고 할 만하다. 영어명도 Korean Rosebay라 한다. 달래보다 더 진하다 하여 진달래라고 했다고도 하는데, 꽃을 먹을 수가 있어 참꽃이라고도 하고 진달내, 진달래나무, 참꽃나무, 두견화(杜鵑花)라고도 한다. 두견화라는 이름은 옛날 촉나라 임금 우두가 억울하게 죽어 그 넋이 두견새가 되었고, 두견새가 울면서 토한 피가 두견화로 변했다는 데에서 유래한다.

낙엽활엽관목으로 높이는 2~3m이다. 잎은 어긋나며 긴 타원상의 피침형으로 약간 광택이 난다. 꽃은 양성화로 엽액에 1개씩 또는 2~5개가 모여 달리며 화관은 깔때기 모양으로 연한 홍색이다. 꽃은 3~4월에 잎보다 먼저 핀다. 열매는 삭과의 원통형으로 10월에 익는다.

169 쪽동백나무

- **학명** *Styrax obassia* Siebold & Zucc.
- **과명** 때죽나무과
- **형태** 낙엽활엽소교목
- **꽃** 5~6월
- **열매** 9~10월

쪽동백나무_잎

쪽동백나무_수피

쪽동백나무_열매

쪽동백나무_꽃차례   쪽동백나무_꽃

나뭇잎이 쪽진 머리 모양을 하고 있어 쪽동백나무라고 이름을 붙였다고 한다. 영어명에 때죽나무와 같은 Snowbell이 들어 있는데, 이것으로 쪽동백나무가 때죽나무와 혼동되어 불리는 것을 알 수가 있다.

생태적 특성

나뭇잎이 쪽진 머리 모양을 하고 있어 쪽동백나무라고 이름을 붙였다고 한다. 잎 가장자리의 윗부분에 잔톱니가 있다는 데서 톱니라는 뜻의 쪽과, 열매에서 짠 기름을 동백기름처럼 쓴다고 해서 쪽동백나무라고 했다고도 하며, 동백 씨앗보다 작아 쪽을 붙여 쪽동백나무라고 부르게 되었다고도 한다. 정나무, 때쪽나무, 물박달, 산아즈까리나무, 개동백나무, 왕때죽나무, 물박달나무, 산아주까리나무, 때죽나무 등으로도 불린다.

낙엽활엽소교목으로 높이는 10m 정도이고 작은 가지의 수피는 다갈색으로 벗겨진다. 잎은 어긋나며 뒷면에는 회색 잔털이 많고 잎자루는 짧다. 꽃은 양성화로 5~6월에 새로 난 가지에 총상화서로 하얀 통꽃 20개가 밑으로 처지면서 달린다. 열매는 핵과로 난형 및 타원형이며 9~10월에 회녹색으로 익는다.

170 찔레꽃

- **학명** *Rosa multiflora* Thunb.
- **과명** 장미과
- **형태** 낙엽활엽관목
- **꽃** 5월
- **열매** 9~10월

찔레꽃_잎

찔레꽃_수피

찔레꽃_새순

찔레꽃_꽃

찔레꽃_열매(미성숙)

찔레꽃_열매(성숙)

새순은 먹을 것이 귀했던 옛날 어린이들이 자주 먹기도 했으며, 김치로 담가 먹기도 했다. 꽃은 물에 우려 차로 마시거나 전을 부쳐서 먹는다.

생태적 특성

찔레라는 이름은 가시가 많아 잘 찔리는 나무라는 뜻이다. 찔룩나무, 질구나무, 질꾸나무, 가시나무, 들장미, 야장미, 영실, 자매화, 자매장미화, 새비나무라고도 하는데, 여기에서 들장미나 야장미란 찔레꽃이 야생 장미라는 의미이다.

낙엽활엽관목으로 높이는 2m 정도이고 흔히 덩굴성으로 된다. 작은 가지에 가시가 많이 나 있다. 잎은 기수우상복엽으로 어긋나고 5~9개의 소엽은 타원형 및 도란형으로 양 끝이 좁고 톱니가 있다. 꽃은 새 가지 끝에 원추화서를 이루며 작은 꽃자루에는 털이 거의 없고 흰색 혹은 연한 홍색으로 향기가 좋다. 꽃은 5월에 피며 열매는 9~10월에 붉은빛으로 익는다. 종자는 흰색으로 털이 나 있다.

171 / 차나무

- **학명** *Camellia sinensis* L.
- **과명** 차나무과
- **형태** 상록활엽관목
- **꽃** 10~11월
- **열매** 이듬해 10~11월

차나무_잎

차나무_수피

차나무_새잎

차나무_꽃

차나무_열매

차나무_씨앗

차나무는 다(茶)에서 유래된 이름이다. 이를 중국 발음으로도 차(tcha)라고 한다. 잎을 따서 차를 만들어서 풀 초(草)를 쓰지만 초본이 아니고 목본이다.

생태적 특성

차나무는 다(茶)에서 유래된 이름이다. 이를 중국 발음으로도 차(tcha)라고 한다. 잎을 따서 차를 만들어서 풀 초(草)를 쓰지만 초본이 아니고 목본이다. 영어명은 Tea 혹은 Tea Plant이며, 한자명은 차명(茶茗)이다.

상록활엽관목으로 높이는 4m까지 자라며 가지가 많이 달려 수형이 단정하고 아름답다. 잎은 어긋나며 혁질이고 피침상의 긴 타원형으로 길이는 4~10cm, 너비는 2~4.5cm이고 가장자리에는 파상의 톱니가 있다. 꽃은 양성화로 1~3개가 액생 또는 정생하며 꽃받침 잎은 5~6개이고 꽃자루는 길이 6~10mm이며 흰색으로 10~11월에 피는데 향기가 있다. 열매는 시과로 목질화된 구형으로 지름 2~2.5cm이고 이듬해 10~11월에 다갈색으로 익으며 3갈래로 갈라진다.

172 참느릅나무

- **학명** *Ulmus parvifolia* Jacq.
- **과명** 느릅나무과
- **형태** 낙엽활엽교목
- **꽃** 9월
- **열매** 10월

참느릅나무_잎

참느릅나무_수피

참느릅나무_꽃

참느릅나무_열매(미성숙)

참느릅나무_열매(성숙)

느릅나무 하면 옛날 잎을 따서 밀가루나 콩가루 등을 묻혀 떡을 만들어 먹던 구황식품이다. 이름에 '참' 자가 붙은 것은 느릅나무류에서도 가장 뛰어난 나무라는 뜻이다.

생태적 특성

이름에 '참' 자가 붙은 것은 느릅나무류에서도 가장 뛰어난 나무라는 뜻이다. 한자로는 춘유(春楡) 또는 가유(家楡)라고 한다.

낙엽활엽교목으로 높이는 10m이고 지름이 70cm이다. 줄기는 곧게 자라며 작은 가지에는 털이 있고 수피는 홍갈색으로 두꺼우며 잘게 갈라진다. 잎은 타원형 또는 도란상의 피침형으로 두툼하고 좌우가 같지 않으며 짧은 톱니가 있다. 양면 모두 털이 없고 표면에 광택이 있으며 측맥은 10~20쌍이다. 꽃은 9월에 피고, 열매는 10월에 담갈색으로 익으며 타원형으로 날개가 달려 있다.

173 참식나무

- **학명** *Neolitsea sericea* (Blume) Koidz.
- **과명** 녹나무과
- **형태** 상록활엽교목
- **꽃** 10~11월
- **열매** 이듬해 10월

참식나무_잎

참식나무_수피

참식나무_새잎

참식나무_암꽃

참식나무_수꽃

참식나무_열매(미성숙)

참식나무_열매(성숙)

식나무라고도 부르며, 제주도에서는 심낭, 신낭 등으로 부른다. 전남 영광 불갑사 참식나무 자생지대는 천연기념물 제112호로 지정하여 보호하고 있다.

생태적 특성

식나무라고도 부르며, 제주도에서는 심낭, 신낭 등으로 부른다. 한자명은 오과남(五瓜楠)이다. 난대성 상록활엽교목으로 해발 100~400m에서 많이 자라고 제주도에서는 해발 1,100m의 숲속에 자생한다.

상록활엽교목으로 높이는 10m이고 지름이 30cm이다. 수피는 암회색이고 평활하며 어린 가지는 녹색으로 갈색 털이 있다. 잎은 어긋나고 혁질이며 타원형 및 피침상의 타원형이다. 잎에는 황갈색 털이 많이 나 있으며 가장자리는 밋밋하다. 꽃은 암수딴그루이며 액생하고 산형화서에 모여 나며 황백색으로 10~11월에 핀다. 열매는 선홍색의 구형으로 이듬해 10월에 익는데 열매는 광택이 나며 향기로워 향수의 재료로 쓰이며 기름을 추출하여 이용한다.

174 철쭉

학명 *Rhododendron schlippenbachii* Maxim.
과명 진달래과
형태 낙엽활엽관목
꽃 5월
열매 10월

철쭉_잎

철쭉_수피

철쭉_겨울눈

철쭉_꽃　　　　　　　　　　　　　철쭉_열매

철쭉은 진달래와 비슷하게 생겼다. 진달래꽃은 먹을 수 있어서 참꽃이라고 하는 반면, 철쭉꽃은 먹지 못하므로 개꽃이라고도 한다.

생태적 특성

철쭉은 진달래와 비슷하게 생겼다. 진달래는 잎보다 꽃이 먼저 피나, 철쭉은 잎과 꽃이 동시에 피는 점이 다르다. 또 철쭉은 꽃잎 안쪽에 적자색의 반점이 있고, 꽃 자체에 점액질이 있어 구분이 간다. 진달래꽃은 먹을 수 있어서 참꽃이라고 하는 반면, 철쭉꽃은 먹지 못하므로 개꽃이라고도 한다.

낙엽활엽관목으로 높이는 $2\sim5m$ 정도이다. 줄기는 곧게 자라고 굵은 가지를 많이 내며 수피는 회갈색으로 오래되면 갈라진다. 잎은 어긋나고 가지 끝에 5개씩 모여 달리며 도란형이다. 꽃은 양성화로 3~7개씩 가지 끝에 모여 산형화서를 이루며 달린다. 연한 홍색의 꽃잎 안쪽에 적자색 반점이 있으며 잎과 함께 5월에 핀다. 진달래와는 달리 꽃에 점액질이 있어 먹지는 못한다. 열매는 삭과로 긴 도란형이며 10월에 익는다.

175 청미래덩굴

- **학명** *Smilax china* L.
- **과명** 백합과
- **형태** 낙엽활엽덩굴성 목본
- **꽃** 5월
- **열매** 9~10월

청미래덩굴_잎

청미래덩굴_수피

청미래덩굴_암꽃

청미래덩굴_수꽃

청미래덩굴_어린 열매   청미래덩굴_열매(미성숙)   청미래덩굴_열매(성숙)

망개떡은 찹쌀가루를 쪄서 치대어 거피 팥소를 넣고 반달이나 사각 모양으로 빚어 두 장의 나뭇잎 사이에 넣고 찐 떡이다. 이때 쓰이는 나뭇잎이 청미래덩굴 잎이다.

생태적 특성

청미래덩굴의 뿌리를 토복령(土茯苓) 또는 금강두(金剛兜)라고도 하는데, 토복령은 땅에 있는 복령이라는 뜻으로 혹같이 생긴 덩이뿌리가 있어서 붙여진 명칭이다.

낙엽활엽덩굴성 목본이고 줄기는 마디에서 굽어 자라며 길이가 3m에 이르고 갈고리 같은 가시가 있어 다른 나무를 기어올라 덤불을 이룬다. 잎은 두꺼우며 광택이 나고 넓은 타원형이다. 꽃은 암수딴그루로 액생하는 산형화서에 달리며 5월에 황록색으로 핀다. 열매는 둥글고 붉은색으로 한곳에 5~10개씩 9~10월에 익으며 종자는 황갈색이다.

176 초령목

학명 *Michelia compressa* (Maxim.) Sarg.
과명 목련과
형태 상록활엽교목
꽃 2~4월
열매 8~9월

초령목_잎

초령목_수피

초령목_어린 가지

초령목_꽃 초령목_꽃 속 초령목_열매

초령목(招靈木)은 '신령을 부르는 나무'라는 뜻으로, 민간신앙에 의해 이름 붙여진 희귀한 나무이다. 이 나무의 가지를 부처 앞에 꽂는다는 데에서 유래한다는 설도 있다.

생태적 특성

목련으로는 가장 일찍 꽃이 피는 종으로 상록수이며 나무의 모양과 꽃이 매우 아름답고 키도 큰 나무이다. 상록활엽교목으로 높이는 15m이다. 잎은 어긋나며 긴 난형으로 흰 꽃이 엽액에 1개씩 핀다. 꽃에서 좋은 향기가 난다. 꽃이 진 다음에 꽃받침이 자라고 심피도 커져서 그 속에 2개씩 씨가 들어간다. 열매의 크기는 5~10cm이다.

제주도와 흑산도에서 자라며 오래전 흑산도에 한 그루가 천연기념물 제369호로 지정, 보호되고 있었으나 고사하였다. 당시 초령목은 높이가 20m, 지름이 2.4m였고, 가지는 동쪽으로 10m, 서쪽으로 15m, 남쪽으로 15m, 북쪽으로 10m 퍼진 상태였다. 이 나무가 고사한 이후로 초령목은 국내에서 멸종된 것으로 알려졌으나 최근에 제주도에서 자생지가 확인되었다.

177 측백나무

- **학명** *Thuja orientalis* L.
- **과명** 측백나무과
- **형태** 상록침엽교목
- **꽃** 4월
- **열매** 9~10월

측백나무_잎

측백나무_수피

측백나무_씨앗

칠엽수_꽃

칠엽수_열매

칠엽수_씨앗

마로니에로 유명한 프랑스의 몽마르트르 언덕은 많은 예술가들이 낭만을 즐기는 곳으로 유명하다. 우리나라에는 옛날 서울대가 있었던 동숭동의 마로니에 공원이 유명하다.

생태적 특성

잎이 7개가 달려 있는 나무라 하여 칠엽수라는 이름이 붙여졌다. 칠엽나무, 왜칠엽나무라고도 한다. 원래 칠엽수는 중국 원산을 말하지만 우리나라에 심어진 칠엽수는 거의가 일본 원산의 일본 칠엽수이다.

낙엽활엽교목이며 높이는 30m 정도이고 작은 가지는 담녹색이다. 잎은 어긋나며 5~8개의 소엽으로 된 장상 복엽이고 소엽은 도란형 및 긴 도란형으로 가장자리에 겹톱니가 있으며, 뒷면에 적갈색의 부드러운 털이 있다. 꽃은 잡성으로 가지 끝에 형성된 원추화서에 달리며 꽃차례에 짧은 털이 있다. 꽃은 흰색 또는 담황색이며 꽃받침 통은 종 모양으로 갈라지고 5~6월에 핀다. 열매는 도원추형으로 갈라지며 9~10월에 심갈색으로 익는데 그 안에는 큰 알밤만 한 열매가 열린다. 열매는 매우 떫고 약간의 독성이 있어 사람은 먹을 수 없고 주로 동물들의 먹이가 된다.

180 칡

- **학명** *Pueraria lobata* (Willd.) Ohwi
- **과명** 콩과
- **형태** 낙엽활엽덩굴성 목본
- **꽃** 8월
- **열매** 9~10월

칡_잎

칡_수피

칡_뿌리(채취)

칡_꽃봉오리　　　　　　칡_꽃　　　　　　칡_열매

옛날 여름에 칡으로 옷을 해 입으면 시원하기 그지없었으며, 갈건이라고 해서 두건을 만들어 쓰기도 했다. 줄기가 매우 질겨 새끼 대신 줄로 쓰기도 했고, 칡덩굴로 엮어 문짝을 만들기도 했다.

생태적 특성

칡은 한자로 갈(葛)로 표기하는데, 줄기가 워낙 질겨 '질기'라고 부르다가 오랜 세월이 흐르면서 지금처럼 칡이 되었다. 칙, 칙덤불, 칡덤불 등으로도 부른다. 그런데 갈(葛) 자는 풀 초(艹) 변을 써서 나무가 아니라 풀로 오인하기도 한다. 실제로 칡을 보면 덩굴이 우거져 과연 나무인지 알기 어렵지만 엄연히 나무이다. 특히 줄기가 겨울에 죽지 않고 살아남아 매년 굵어져 나무로 분류된다.

낙엽활엽덩굴성 목본으로 길이는 10m 이상으로 자라고 줄기는 흑갈색으로 털이 나 있다. 잎은 3출엽이고 소엽은 능형 및 난형으로 양면에 털이 있고 가장자리는 밋밋하거나 얕게 3갈래로 갈라지며 잎자루에는 털이 나 있다. 꽃은 액생으로 총상화서에 달리며 홍자색으로 8월에 핀다. 기판은 홍색이고 중앙이 황색으로 피며 익판은 적자색이다. 열매는 넓은 선형으로 갈색의 거친 털로 덮여 있으며 9~10월에 익는데 종자는 갈색이다.

181 튤립나무

학명	*Liriodendron tulipifera* L.
과명	목련과
형태	낙엽활엽교목
꽃	5~6월
열매	10~11월

튤립나무_잎

튤립나무_수피

튤립나무_씨앗

튤립나무_꽃   튤립나무_어린 열매   튤립나무_열매(성숙)

튤립은 본래 백합과의 구근초이나 튤립나무는 목련과의 낙엽활엽교목이다. 튤립과 같은 꽃이 핀다고 해서 붙여진 이름으로 백합나무 혹은 목백합이라고도 한다.

생태적 특성

튤립은 본래 백합과의 구근초이나 튤립나무는 목련과의 낙엽활엽교목이다. 튤립과 같은 꽃이 핀다고 해서 붙여진 이름이다. 백합나무 혹은 목백합이라고도 하며 미국목련, 노랑포플러, 백합목(百合木)이라고도 한다.

낙엽활엽교목으로 높이는 15m이고 지름이 1m 정도이다. 수피는 회백색으로 세로로 갈라진다. 수형은 원추형으로 넓고 줄기는 곧다. 잎은 어긋나며 직사각형으로 2~3열로 갈라지고 길이는 7~12cm이며 어린잎은 뒷면에 흰색 털이 있고 잎자루는 길이 5~10cm로 매우 길다. 꽃은 튤립 모양의 녹황색 꽃이 위를 보고 한 송이씩 5~6월에 핀다. 꽃잎은 6장으로 밑쪽에 반점이 있다. 열매는 10~11월에 익으며 종자가 1~2개씩 들어 있다.

182 / 팔손이

- **학명** *Fatsia japonica* (Thunb.) Decne. & Planch.
- **과명** 두릅나무과
- **형태** 상록활엽관목
- **꽃** 10~11월
- **열매** 이듬해 4~5월

팔손이_잎

팔손이_수피

팔손이_새잎

팔손이_꽃(양성화)　　팔손이_꽃차례　　팔손이_열매

팔손이는 잎이 손바닥을 펼친 모양이며 8가락으로 갈라져 있어 붙여진 이름이다. 한자명도 팔각금반(八角金盤)으로 숫자 8과 관련이 있다. 그러나 7개 혹은 9개로 갈라지기도 한다.

생태적 특성

팔손이는 잎이 손바닥을 펼친 모양이며 8가락으로 갈라져 있어 붙여진 이름이다. 한자명도 팔각금반(八角金盤)으로 숫자 8과 관련이 있다. 그러나 7개 혹은 9개로 갈라지기도 한다. 이 나무는 새집증후군을 일으키는 것으로 알려진 포름알데히드를 제거하는 데 효과가 우수한 식물로 유명하다.

상록활엽관목으로 높이는 2~4m이고 작은 가지는 굵으며 털이 없다. 잎은 호생하고 심장형의 장상으로 7~9개로 갈라진다. 잎의 가장자리에 톱니가 있고 잎자루는 30cm 이상으로 매우 길다. 꽃은 가지 끝에 산형상의 원추화서를 이루며 흰색으로 10~11월에 핀다. 열매는 둥근 장과로 이듬해 4~5월에 검은색으로 익는다.

183 팥꽃나무

- **학명** *Daphne genkwa* Siebold & Zucc.
- **과명** 팥꽃나무과
- **형태** 낙엽활엽관목
- **꽃** 3~5월
- **열매** 7월

팥꽃나무_잎

팥꽃나무_수피

팥꽃나무_수형(봄)

팥꽃나무_꽃 팥꽃나무_꽃(흰색) 팥꽃나무_열매

담홍색 꽃이 마치 팥처럼 생겨서 붙여진 이름이다. 서해에 조기가 밀려올 무렵에 꽃이 피는 나무라 하여 조기꽃나무라고 부르기도 한다.

생태적 특성

팥꽃나무는 잎이 나기 전에 아름다운 보라색 꽃이 피는데 꽃이 마치 팥처럼 생겨서 붙여진 이름이다. 서해에 조기가 밀려올 무렵에 꽃이 피는 나무라 하여 조기꽃나무라고 부르기도 한다. 이명은 팟꽃나무, 넓은이팝나무, 이팥나무, 니팝나무, 이팝나무, 넓은잎이팝나무, 넓은잎팟꽃나무, 넓은잎팥꽃나무 등 여러 가지가 있다.

낙엽활엽관목으로 높이는 $1m$ 정도이고 줄기는 자갈색을 띠며 작은 가지는 암갈색으로 털이 있다. 잎은 마주나거나 간혹 어긋나며 양 끝은 뾰족하고 양면에 약간의 털이 있다. 꽃은 전년도 가지 끝에 3~7개씩 달리며 담홍색으로 3~5월에 잎보다 먼저 핀다. 열매는 둥글고 흰색의 장과로 7월에 익는다.

184 팥배나무

- **학명** *Sorbus alnifolia* (Siebold & Zucc.) C. Koch
- **과명** 장미과
- **형태** 낙엽활엽교목
- **꽃** 5월
- **열매** 9~10월

팥배나무_잎

팥배나무_수피

팥배나무_낙엽

팥배나무_꽃　　팥배나무_어린 열매　　팥배나무_열매(성숙)

한자명은 두(杜), 당(棠)이다. 여기에서 두(杜)는 나무와 흙을 합친 글자로 나무와 흙으로 둑을 막는다는 뜻으로, 이 나무를 하천이나 둑의 물을 막을 때 많이 사용해 붙여졌다.

생태적 특성

열매가 팥같이 작은 배처럼 생긴 데에서 유래한다. 실제 꽃도 배꽃처럼 희게 핀다. 작기는 하지만 꿀이 많이 들어 있어 좋은 밀원식물이기도 하다. 지방에 따라 다른 이름이 많은데 산매자나무(강원도), 물앵두나무, 운향나무(전남), 벌배나무, 물방치나무(황해도), 팟배나무, 팟배, 왕잎팥배, 긴팟배, 참팥배나무, 둥근잎팥배나무, 달피팥배나무, 왕잎팥배나무 등으로도 불린다. 한자명은 두(杜), 당(棠)이다. 여기에서 두(杜)는 나무와 흙을 합친 글자로 나무와 흙으로 둑을 막는다는 뜻이다.

낙엽활엽교목으로 높이는 15m 정도이고 작은 가지에 피목이 뚜렷하다. 잎은 어긋나며 난형으로 표면과 뒷면 맥 위에 털이 나 있으나 점차 사라진다. 꽃은 6~10개가 정생하는 복산방화서에 달리고 5월에 흰색으로 핀다. 열매는 타원형의 이과(梨果)로 달린다. 열매는 반점이 뚜렷하고 9~10월에 황홍색으로 익는다.

185 팽나무

- **학명** *Celtis sinensis* Pers.
- **과명** 느릅나무과
- **형태** 낙엽활엽교목
- **꽃** 5월
- **열매** 9~10월

팽나무_잎

팽나무_수피

팽나무_암꽃

팽나무_수꽃

팽나무_어린 열매　　팽나무_열매(미성숙)　　팽나무_열매(성숙)

정자목, 도심지의 녹음수나 가로수, 학교의 교정에 심기에 적합한 나무로, 노거수가 많아서 천연기념물의 수가 은행나무, 느티나무에 이어 3위를 차지한다.

생태적 특성

팽나무는 지방에 따라 폭나무, 평나무, 달주나무, 게팽나무, 매태나무, 섬팽나무, 자주팽나무 등으로 불린다.

낙엽활엽교목으로 높이는 $20m$ 정도이고 지름이 $1m$이다. 줄기는 곧게 자라며 가지가 넓게 퍼지고 수피는 흑갈색이며 어린 가지에는 잔털이 많이 나 있다. 잎은 2줄로 어긋나고 긴 타원형으로 상반부에 둔한 톱니가 있고 3출맥이다. 꽃은 잡성화로 액생하며 5월에 핀다. 열매는 원형의 핵과로 9~10월에 적갈색으로 익는다.

열매는 굵은 팥알만 하며 빨갛게 익으면 맛이 달콤해 먹을 수 있다. 기름을 짜서 먹기도 하고 어린잎은 나물로 해 먹는다. 덜 익은 것은 장난감 팽총의 탄알로 쓴다.

186 / 편백

- **학명** *Chamaecyparis obtusa* (Siebold & Zucc.) Endl.
- **과명** 측백나무과
- **형태** 상록침엽교목
- **꽃** 4~5월
- **열매** 9~10월

편백_잎

편백_수피

편백_씨앗

편백_암꽃 편백_수꽃
편백_열매(미성숙) 편백_열매(성숙)

아황산가스와 매연에 강해 도심 가로수로 적합한 수종으로 대기 중의 각종 세균을 죽이고 좋지 못한 냄새를 감소시킨다. 또 음향 조절력이 있어 음악당의 내장재로 사용된다.

생태적 특성

상록침엽교목으로 높이는 40m 정도이고 지름이 60cm 정도이다. 수피는 적갈색으로 얇게 조각으로 떨어지고 수관은 원추형이다. 잎은 난형으로 두껍고 끝이 둔하며 뒷면은 Y자형의 백색 기공조선이 있다. 꽃은 4~5월에 핀다. 열매는 10~12mm 지름의 구형으로 갈색이며 실편은 8개로 정사각형이다. 종자는 길이가 3mm이며 2개씩 긴 삼각형으로 좁은 날개가 있고 9~10월에 익는다.

187 / 포도

- **학명** *Vitis vinifera* L.
- **과명** 포도과
- **형태** 낙엽활엽덩굴성 목본
- **꽃** 6월
- **열매** 8~9월

포도_잎

포도_수피

포도_덩굴줄기

포도_꽃봉오리

포도_꽃

포도_열매(미성숙)

포도_열매(성숙)

세계에서 가장 많이 재배되는 과일은 단연 포도이다. 포도는 특히 포도주의 원료가 되므로 세계 곳곳에서 대량으로 재배되는데, 전 세계에서 생산하는 과일의 1/3이 포도라고 한다.

생태적 특성

원산지는 아시아 서부로 코카서스 지방과 카스피 해 연안에서 기원전 3000년 무렵부터 재배된 것으로 추정된다. 이것이 중국에 전파된 것은 한 무제 때 장건에 의해서라고 하는데, 페르시아 어 부다우(budow)를 음역해 중국인들이 포도(包桃 혹은 葡桃, 蒲桃)로 부르다가, 나중에 현재처럼 포도(葡萄)로 부르게 되었다고 한다.

낙엽활엽덩굴성 목본으로 잎은 호생하고 원형이다. 잎의 가장자리는 3~5개로 얕게 갈라지며 뒷면에 면모가 밀생한다. 꽃은 다수의 작은 꽃이 원추화서를 이루며 황록색으로 6월에 핀다. 열매는 장과로 8~9월에 자갈색으로 익는다.

188 풀명자

- **학명** *Chaenomeles japonica* (Thunb.) Lindl. ex Spach
- **과명** 장미과
- **형태** 낙엽활엽관목
- **꽃** 4~5월
- **열매** 9~10월

풀명자_잎

풀명자_수피

풀명자_가지에 난 가시

풀명자_꽃(붉은색)   풀명자_꽃(분홍색)   풀명자_열매

> 장미가 꽃의 여왕이라면 풀명자는 꽃나무의 여왕이라 할 만하다. 이른 봄에 붉은색으로 피는 풀명자 꽃은 화려하면서도 은은하고 청초한 느낌을 주어 아가씨나무라고도 한다.

생태적 특성

장미가 꽃의 여왕이라면 풀명자는 꽃나무의 여왕이라 할 만하다. 이른 봄에 붉은색으로 피는 풀명자 꽃은 화려하면서도 은은하고 청초한 느낌을 주어 아가씨나무라고도 한다.

낙엽활엽관목으로 높이는 1~2m 정도이다. 가지 끝이 가시로 변하며 가지는 여러 갈래로 갈라져 있어 수형이 둥글다. 잎은 어긋나고 타원형 및 긴 타원형으로 가장자리에 톱니가 있고 잎자루는 짧으며 턱잎은 일찍 떨어진다. 꽃은 단성화로 꽃잎은 5개이다. 꽃은 4~5월까지 계속 피는데 붉은색, 분홍색 등 다양하다. 꽃은 잎보다 먼저 피거나 동시에 피기도 한다. 수꽃의 씨방은 열매를 맺지 못하고 암꽃의 수술은 꽃가루가 생기지 않는다. 열매는 녹색을 띠는 난원형의 열매가 9~10월이 되면 노랗게 익는데 길이는 10cm 정도이다.

189 풍년화

- **학명** *Hamamelis japonica* Siebold & Zucc.
- **과명** 조록나무과
- **형태** 낙엽활엽관목 또는 소교목
- **꽃** 2~3월
- **열매** 10월

풍년화_잎

풍년화_수피

풍년화_꽃

풍년화_열매(미성숙)

풍년화_수형(봄)

꽃의 모양이 매우 특이한데 마치 노란 국수 가락을 흩뜨려 놓은 것처럼 생겼다. 산수유 꽃과도 비슷하고 봄을 맞이하는 꽃이라고 해서 영춘화라고도 한다.

생태적 특성

풍년화라는 이름을 듣기만 해도 마음이 풍요로워지는 듯하다. 풍년화는 만작(滿作)이라고도 한다. 꽃의 모양이 매우 특이한데 마치 노란 국수 가락을 흩뜨려 놓은 것처럼 생겼다. 산수유 꽃과도 비슷하고 봄을 맞이하는 꽃이라고 해서 영춘화라고도 한다.

낙엽활엽관목 또는 소교목으로 높이는 $4m$이다. 밑에서 많은 줄기가 올라와 수형을 이루며 수피는 회갈색이고 매끄러우며 작은 가지는 황갈색 또는 암갈색이다. 꽃은 잎겨드랑이에 모여 달리고 꽃잎은 4개로 연황색이다. 꽃은 2~3월에 잎보다 먼저 핀다. 열매는 삭과로 짧은 선모가 있고 10월에 익으며 종자는 광택이 있는 검은색이다.

190 피라칸다

- **학명** *Pyracantha angustifolia* (Franch.) C. K. Schneid.
- **과명** 장미과
- **형태** 상록활엽관목 또는 소교목
- **꽃** 6월
- **열매** 9~12월

피라칸다_잎

피라칸다_열매(겨울)

피라칸다_잎차례

피라칸다_꽃

피라칸다_씨앗

> 우리말 이름이 없어 속명 피라칸다(*Pyracantha*)를 그대로 부른다. 불꽃을 뜻하는 pyro와 가시를 뜻하는 acantha의 합성인데, 무리 지어 맺히는 열매를 그렇게 부르는 듯하다.

생태적 특성

장미과의 나무로 우리말 이름이 없어 속명 피라칸다(*Pyracantha*)를 그대로 부른다. 불꽃을 뜻하는 pyro와 가시를 뜻하는 acantha의 합성인데, 무리지어 맺히는 열매가 마치 불이 난 듯 보여 그렇게 부르는 듯하다. 영어명도 Firethorn 즉 불가시이다. 우리말로 불가시나무가 잘 어울린다. 피라칸타, 피라칸사스로도 불리고 있다.

높이는 1~6m 정도로 가지를 많이 친다. 특히 가지마다 조그만 가지가 가시처럼 난다. 어긋나는 잎은 두꺼우면서 좁은 타원형을 이룬다. 잎끝은 둔하고 가장자리는 밋밋하다. 잎의 뒷면에는 털이 난다. 6월에 흰색 또는 연한 노란빛을 띤 흰색의 꽃이 산방화서로 가지의 윗부분 잎겨드랑이에 달린다. 꽃받침 잎은 넓은 삼각형으로 5개이며, 꽃잎은 거꾸로 된 달걀 모양으로 역시 5개이다. 열매는 9~12월에 감색이나 붉은색으로 익는다.

191 / 함박꽃나무

학명 *Magnolia sieboldii* K. Koch
과명 목련과
형태 낙엽활엽소교목
꽃 5~6월
열매 9~10월

함박꽃나무_잎

함박꽃나무_수피

함박꽃나무_새순

함박꽃나무_겨울눈

함박꽃나무_꽃봉오리

함박꽃나무_꽃

함박꽃나무_열매(미성숙)

함박꽃나무_열매(성숙)

함박꽃나무_씨앗

함박꽃나무 이름은 꽃의 모양이 함박꽃과 비슷한 데서 유래된 것으로 북한의 국화로도 유명하다. 북한은 진달래꽃을 국화로 삼았으나 1991년부터 함박꽃나무의 꽃을 국화로 삼고 있다.

생태적 특성

낙엽활엽소교목으로 높이는 8m 정도이다. 원줄기와 함께 옆에서 많은 줄기가 올라와 수형을 이루고 자라며 작은 가지는 가늘고 담갈색으로 털이 나 있다. 잎은 도란형 및 넓은 타원형으로 잎의 뒷면은 담회색의 짧은 털이 있다. 꽃잎은 6장의 도란형으로 잎과 같이 흰색이고, 어린 가지 끝에 밑으로 늘어지며 5~6월에 피고 향기가 있다. 열매는 난형 골돌과로 9~10월에 붉은색으로 익는데, 씨는 타원형의 붉은빛이다. 씨가 익으면 터지면서 실 같은 하얀 줄에 매달린다.

씨를 싸고 있는 붉은색 껍질을 고급 요리에 향신료로 쓰는데, 씨의 껍질을 벗겨 말려서 가루로 빻으면 맵고 향기로운 향신료가 된다. 또 열매는 새들의 좋은 먹이이기도 하다.

192 향나무

- **학명** *Juniperus chinensis* L.
- **과명** 측백나무과
- **형태** 상록침엽소교목 또는 교목
- **꽃** 4월
- **열매** 이듬해 9~10월

향나무_잎

향나무_수피

향나무_열매

향나무_암꽃

향나무_수꽃

향이 있어 향나무라고 한다.《동의보감》에 따르면 향나무는 향이 좋고 습기를 막아주며 벌레를 물리치고 심신을 안정시키는 데 탁월한 효과가 있다고 한다.

생태적 특성

상록침엽소교목 또는 교목으로 높이는 5~20m이고 지름이 70cm 정도이다. 수피는 적갈색으로 세로로 갈라지며 벗겨진다. 1~2년생 가지는 녹색이고 3년생 가지는 암갈색이며 7~8년생부터 인엽이 생긴다. 움에서 침엽이 나오며, 침엽은 짙은 녹색으로 돌려나거나 마주 나는데 아래 가지에 많다. 한편 인엽은 능형으로 끝이 둥글며 가장자리가 흰색이다.

암수딴그루이나 간혹 암수 꽃이 같이 열리기도 한다. 수꽃은 가지 끝에 달리며 황색이고 타원형이며, 암꽃은 가지 끝이나 엽액(葉腋)에 달리고 3~8개의 포린으로 구성되며 4월에 핀다. 열매는 원형으로 겉이 흰색으로 덮인 암갈색이고, 종자는 2~4개로 난원형이며 이듬해 9~10월에 익는다.

193 헛개나무

- **학명** *Hovenia dulcis* Thunb.
- **과명** 갈매나무과
- **형태** 낙엽활엽교목
- **꽃** 6~7월
- **열매** 9~10월

헛개나무_잎

헛개나무_수피

헛개나무_씨앗

헛개나무_꽃　　헛개나무_열매(미성숙)　　헛개나무_열매(성숙)

헛개나무는 강원 방언에서 유래된 이름으로 지구자나무라고도 한다. 홋개나무, 호리깨나무, 볼게나무, 고려호리깨나무, 민헛개나무 등으로도 불리며, 한자명은 금조리(金釣梨)이다.

생태적 특성

헛개나무는 강원 방언에서 유래된 이름으로 지구자나무라고도 한다. 홋개나무, 호리깨나무, 볼게나무, 고려호리깨나무, 민헛개나무 등으로도 불리며, 한자명은 금조리(金釣梨)이다.

우리나라와 중국, 일본 등에 분포한다. 우리나라에서는 중부 이남의 해발 50~800m의 산기슭이나 골짜기에 자생한다. 음지나 양지를 가리지 않고 잘 자라나 건조지에서는 잘 자라지 못한다. 내조성이 강하고 맹아력과 공해에도 강하여 도심지나 바닷가에서도 잘 자란다.

낙엽활엽교목으로 높이는 10m 정도이고 작은 가지는 흑자색이다. 잎은 어긋나고 난원형 및 타원형이며 가장자리에는 둔한 톱니가 있다. 꽃은 양성으로 가지 선단 부근에서 액생 또는 정생하는 취산화서에 달리며 백록색으로 6~7월에 핀다. 열매는 장과상의 핵과로 둥글고 갈색이 돌며 9~10월에 흑색으로 익는다.

194 협죽도

- **학명** *Nerium oleander* L.
- **과명** 협죽도과
- **형태** 상록활엽관목
- **꽃** 7~9월
- **열매** 10월

협죽도_잎

협죽도_수피

협죽도_꽃

협죽도_열매

협죽도_꼬투리

협죽도는 멋진 잎과 화려한 꽃을 피우지만, 그 속에 감추고 있는 독성은 치명적이다. 잎이 좁고(夾) 줄기가 대나무(竹) 같으며 꽃이 복사꽃(桃)처럼 예쁘다고 하여 붙여진 이름이다.

생태적 특성

협죽도는 잎이 좁고(夾) 줄기가 대나무(竹) 같으며 꽃이 복사꽃(桃)처럼 예쁘다고 하여 붙여진 이름이다. 멋진 잎과 화려한 꽃을 피우지만, 그 속에 감추고 있는 독성은 치명적이다.

협죽도과의 상록활엽관목으로 높이는 3m 정도이다. 가지가 총생해 포기로 되고, 나무껍질은 검은 갈색이다. 잎은 3장씩 돌려나는데 가늘고 길다. 꽃은 7~9월에 홍색으로 피며, 흰색이나 자홍색, 황백색도 있고 겹으로 피는 것도 있다. 꽃의 지름은 3~4cm로 아래는 긴 통이나 윗부분은 5개로 갈라지며 퍼진다. 꽃밥 끝에는 털이 있는 실 같은 것이 나 있다. 꽃이 아름다우면서도 오래 피어 있어 관상 가치가 크다. 열매는 갈색으로 성숙한 후 세로로 갈라진다. 씨앗은 양 끝에 길이 1cm 정도의 털이 난다.

195 호두나무

- **학명** *Juglans regia* L.
- **과명** 가래나무과
- **형태** 낙엽활엽교목
- **꽃** 4~5월
- **열매** 9~10월

호두나무_잎

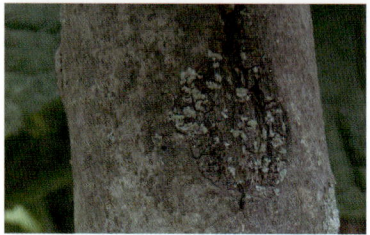
호두나무_수피

호두나무_잎(앞면과 뒷면)과 잎차례

호두나무_암꽃

호두나무_수꽃

호두나무_열매

호두나무_씨앗

서양에서는 11월 1일을 만성절이라고 해서 젊은이들이 마음속에 점찍어 둔 사람의 이름을 외우며 호두를 불 속에 던져 그 터진 정도로 상대의 마음을 점친다.

생태적 특성

낙엽활엽교목으로 높이는 $20m$ 이상이고 수피는 회백색으로 밋밋하지만 점차 길게 갈라지고 어린 가지에는 털이 없다. 잎은 기수우상복엽이며 타원형의 소엽이 5~7개씩 달려 있다. 수꽃은 녹색으로 길게 늘어지고 암꽃은 흰색 선모가 있는 포피로 덮이고 4~5월에 핀다. 열매는 둥글고 털이 없는 핵과로 9~10월에 익는데 핵은 도란형이며 내부는 4개의 방으로 이루어져 있다.

196 호랑가시나무

학명 *Ilex cornuta* Lindl. & Paxton
과명 감탕나무과
형태 상록활엽관목 또는 소교목
꽃 4~5월
열매 9~10월

호랑가시나무_잎

호랑가시나무_수피

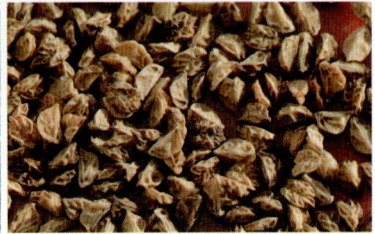
호랑가시나무_씨앗

호랑가시나무_암꽃

호랑가시나무_수꽃

호랑가시나무_열매(미성숙)

호랑가시나무_열매(성숙)

잎끝에 호랑이발톱 같은 날카롭고 단단한 가시가 있다는 데서 이름 붙여졌다. 이 가시를 이용해 호랑이가 등이 가려울 때 등을 문질렀다는 이야기도 전해진다.

생태적 특성

둥근잎호랑가시, 호랑이발톱나무, 범의발나무, 묘아자(猫兒刺), 묘아자나무, 구골(枸骨), 노호자(老虎刺) 등으로도 불린다.

상록활엽관목 또는 소교목으로 높이는 2~6m 정도이고 수피는 회백색이며 작은 가지에는 털이 없다. 잎은 어긋나고 혁질이며 타원상의 육각형 및 사각상의 타원형으로 각이 진 부분에 모두 날카롭고 단단한 가시가 달려 있다. 꽃은 암수딴그루로 액생하는 산형화서에 4~5개씩 달린다. 수꽃의 꽃잎은 난형이고, 암꽃은 꽃자루에 달리며 4~5월에 흰색으로 핀다. 열매는 둥글며 9~10월에 붉은색으로 익는데 겨울 동안에도 나무에 매달려 있다.

197 화살나무

- **학명** *Euonymus alatus* (Thunb.) Siebold
- **과명** 노박덩굴과
- **형태** 낙엽활엽관목
- **꽃** 5월
- **열매** 10월

화살나무_잎

화살나무_수피

화살나무_새잎

화살나무_꽃

화살나무_열매

잔가지에 코르크질로 된 날개 모양의 갈색 껍질이 있는데, 잔가지에 달린 날개를 화살에 비유하여 '활살나무'라 하였으나 지금의 화살나무로 되었다.

생태적 특성

화살나무는 잔가지에 코르크질로 된 날개 모양의 갈색 껍질이 있는데, 잔가지에 달린 날개를 화살에 비유하여 '활의 살 같다'고 해서 처음에는 '활살나무'라 하였으나 지금의 화살나무로 되었다. 날개가 참빗 모양과 비슷하다 하여 참빗나무라고 부르는 지방도 있다. 이외에 홋잎나무, 참빗살나무, 챔빗나무라고도 하며, 한자명은 귀전우(鬼箭羽), 팔수(八樹), 사능수(四稜樹)이다.

낙엽활엽관목으로 높이는 3m 정도이고 작은 가지에 2~4줄의 코르크질의 날개가 있다. 잎은 마주나고 타원형 및 도란형이고 가장자리에 예리한 톱니가 있다. 꽃은 액생하는 취산화서에 3~9개가 달리며 황록색으로 5월에 핀다. 열매는 삭과로 붉은색이며 4갈래로 갈라지고 10월에 익으며 12월까지 달려 있다.

198 황매화

학명 *Kerria japonica* (L.) DC.
과명 장미과
형태 낙엽활엽관목
꽃 4~5월
열매 9~10월

황매화_잎

황매화_수피

황매화_꽃　　　　　　　　　　　　　황매화_열매

꽃이 매화와 비슷하고 황색으로 핀다 하여 황매화라고 부른다. 줄기는 녹색이고 속은 흰색이며 푹신한데, 옛날에는 이 부분을 이용해 아이들이 딱총을 만들어 가지고 놀았다.

생태적 특성

꽃이 매화와 비슷하고 황색으로 핀다 하여 황매화라고 부른다. 이명은 죽도화, 죽단화, 수중화, 체당화(棣棠花), 산취(山吹), 금매화 등이다.

낙엽활엽관목으로 높이는 1.5~2m 정도이고 가늘고 긴 가지가 총생하는데 작은 가지는 녹색으로 능선이 진다. 잎은 긴 타원형으로 어긋나고 결각상의 겹톱니가 있다. 엽맥이 표면에서 오목하게 들어가고 뒷면에는 돌출되어 있으며 그 위에 털이 있다. 꽃은 가지 끝에 1개씩 피며 4~5월에 황색으로 핀다. 열매는 수과로 9~10월에 흑갈색으로 익으며 꽃받침이 남아 있다.

줄기는 언제나 녹색으로 속에는 흰색의 푹신한 속이 있는데, 옛날에는 이 부분을 이용해 아이들이 딱총을 만들어 가지고 놀았다.

199 회양목

- **학명** *Buxus koreana* Nakai ex Chung & al.
- **과명** 회양목과
- **형태** 상록활엽관목
- **꽃** 4~5월
- **열매** 7~8월

회양목_잎

회양목_수피

회양목_꽃가지

회양목_꽃　　　회양목_열매　　　회양목_꼬투리

경기도 화성시 용주사에는 천연기념물 제264호로 지정된 회양목이 있는데, 정조가 손수 심은 기념수로 수령은 약 300년이다.

생태적 특성

강원도 회양(淮陽)에서 많이 생산된다고 하여 붙여진 명칭으로 섬회양목, 회양나무, 섬회양나무, 도장나무, 섬회양, 고양나무 등으로도 불린다. 본래 이름은 황양목(黃楊木)이라 하였으나 수피가 회색이어서 바뀐 것이다. 생장이 아주 더뎌 천년왜(千年矮)라는 특이한 이름도 있다. 그리고 도장을 팔 때 많이 사용하기 때문에 도장나무라고 부른다.

상록활엽관목으로 해발 200~750m에 주로 자라며 전국의 석회암 지대의 지표식물로 자생한다. 높이는 2~3m 정도이고 작은 가지는 녹색으로 능각이며 털이 있다. 잎은 타원형의 혁질로 돌려나며 표면은 녹색이고 뒷면은 황록색이다. 꽃은 액생 또는 정생하며 암수 꽃이 몇 개씩 모여 달린다. 이 중 수꽃은 1~4개의 수술과 씨방의 흔적이 있으며 꽃밥은 황색이다. 암꽃은 3개의 암술머리가 있는 삼각형의 씨방이 있고 4~5월에 꽃이 핀다. 열매는 난형의 삭과로 7~8월에 갈색으로 익는데 씨는 검은색이며 셋으로 갈라져 있다.

200 회화나무

- **학명** *Sophora japonica* L.
- **과명** 콩과
- **형태** 낙엽활엽교목
- **꽃** 7~8월
- **열매** 10월

회화나무_잎

회화나무_수피

회화나무_새잎

회화나무_꽃

회화나무_열매

회화나무는 고상한 나무라고 할 만하다. 궁궐이나 명문가의 뜨락에 주로 심어졌기 때문이다. 회화나무를 심으면 훌륭한 학자가 많이 나온다고 믿었기 때문이다.

생태적 특성

회화나무는 고상한 나무라고 할 만하다. 궁궐이나 명문가의 뜨락에 주로 심어졌기 때문이다. 회화나무를 심으면 훌륭한 학자가 많이 나온다고 믿었기 때문인데, 중국에서는 이 나무를 학자수(學者樹)라고도 했다. 또 이 나무에 피는 꽃은 괴화(槐花) 또는 괴미(槐米)라 하는데, 이는 꽃봉오리가 쌀 모양 같다고 하여 붙여진 이름이다. 그래서 옛날부터 이 꽃이 많이 피면 풍년이 들고 적게 피면 흉년이 든다고 하여 길상목(吉祥木)으로 여겼다.

낙엽활엽교목으로 높이는 25m 정도이고 지름은 1.5m로 수피는 회갈색이다. 잎은 7~17개의 기수우상복엽으로 어긋나며 소엽은 난형 및 난상의 피침형으로 잎자루는 짧고 털이 나 있다. 잎은 마치 아까시나무의 잎을 확대해 놓은 것 같다. 꽃은 정생하는 원추화서에 달리며 황백색으로 7~8월에 핀다. 열매는 염주 모양으로 약간 육질이며 10월에 익는다.

참고문헌

- 국가생물종지식정보시스템(2014), 산림청 국립수목원.
- 국가표준식물목록(2014), 산림청 국립수목원.
- 나무를 알아야 숲이 보인다 나무야 나무(2015), 오장근·오찬진, 푸른행복.
- 대한식물도감(1982), 이창복, 향문사.
- 새로운 한국수목대백과도감 I, II(2007), 이영노, 교학사.
- 숲을 말한다 나무이야기(2015), 오찬진·오장근·권영휴, 푸른행복.
- 원색 대한식물도감(2003), 이창복, 향문사.
- 한국동식물도감(1965), 정태현, 문교부.